"十二五"国家重点图书出版规划项目

新型网络服务计算原理与实践系列丛书

物联网服务与应用

程 渤 章 洋 赵 帅 编著

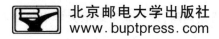

北京邮电大学出版社
www.buptpress.com

内 容 简 介

本书全面介绍了物联网服务的概念、体系结构和应用,全书共分 7 章,第 1 章概要地介绍了物联网的概念、研究现状和应用,第 2 章介绍了工业监控物联网体系结构概貌,第 3 章到第 6 章介绍了工业监控物联网的感知层、传输层、中间件层和数据呈现层,第 7 章介绍了区域集中供热物联网监控应用。本书适合作为物联网专业本科高年级学生及研究生的专业课教材,也可供从事物联网研究的科研人员阅读参考。

图书在版编目(CIP)数据

物联网服务与应用 / 程渤,章洋,赵帅编著. -- 北京 :北京邮电大学出版社,2018.1
ISBN 978-7-5635-5343-3

Ⅰ. ①物… Ⅱ. ①程…②章…③赵… Ⅲ. ①互联网络—应用②智能技术—应用 Ⅳ. ①TP393.4 ②TP18

中国版本图书馆 CIP 数据核字(2017)第 310338 号

书　　名:物联网服务与应用
编 著 者:程 渤　章 洋　赵 帅
责任编辑:艾莉莎
出版发行:北京邮电大学出版社
社　　址:北京市海淀区西土城路 10 号(邮编:100876)
发 行 部:电话:010-62282185　传真:010-62283578
E-mail:publish@bupt.edu.cn
经　　销:各地新华书店
印　　刷:北京玺诚印务有限公司
开　　本:787 mm×1 092 mm　1/16
印　　张:10.75
字　　数:254 千字
版　　次:2018 年 1 月第 1 版　2018 年 1 月第 1 次印刷

ISBN 978-7-5635-5343-3　　　　　　　　　　　　　　　　定价:32.00 元

前　　言

　　物联网概念的提出已经有十余年的历史,并在世界范围内引起越来越高的关注。目前物联网还没有一个精确而公认的定义。这归因于:第一,目前还没有建立起物联网的理论体系,对其认识还不够深入,还不能透过现象看出本质;第二,由于物联网与互联网、移动通信网、传感网等都有密切关系,不同网络领域的研究者对物联网思考所基于的起点各异,短期还没达成共识。根据国内外机构与专家的观点,简单的归纳总结,从便于理解角度,我们认为:物联网就是"物物相连的智能互联网",物联网基于互联网、移动网络等信息承载体,是让所有能够被独立寻址的普通物理对象实现互联互通的网络,它具有普通对象设备化、自治终端互联化和普适服务智能化3个重要特征。这有三个意思:第一,物联网的核心和基础仍然是互联网,是在互联网基础上的延伸和扩展的网络;第二,其用户端延伸和扩展到了任何物品与物品之间,进行信息交换和通信;第三,该网络具有智能属性,可进行智能控制、自动检测与自动操作。

　　本书是全面系统论述物联网服务与应用的专著,全面介绍了物联网服务的概念、体系结构和应用,全书共分7章,第1章概要地介绍了物联网的概念、研究现状和应用,第2章介绍了工业监控物联网体系结构概貌,第3章到第6章介绍了工业监控物联网的感知层、传输层、中间件层和数据呈现层,第7章介绍了区域集中供热物联网监控应用。在当前物联网技术和应用逐步走向成熟的时期,期望本书的出版能对国内外物联网的研究、开发、应用和相关人才培养起到推动作用。

　　本书在编写过程中广泛参考了许多专家、学者的文章著作以及相关技术文献,作者在此表示衷心感谢。此外,还要感谢北京邮电大学出版社很好地推动了本书的出版。物联网是一门正在发展的新技术,有些内容、学术观点尚不成熟或无定论,同时由于作者水平有限,疏漏之处在所难免,敬请读者批评指正。

目　　录

第1章　物联网概述 ………………………………………………… 1

　　第一节　物联网概念 ……………………………………………… 1

　　第二节　物联网研究现状 ………………………………………… 2

　　第三节　物联网的应用 …………………………………………… 7

第2章　工业监控物联网体系结构 ………………………………… 14

　　第一节　物联网体系结构 ………………………………………… 14

　　第二节　工业监控物联网体系结构 ……………………………… 15

第3章　工业监控物联网感知层 …………………………………… 38

　　第一节　RFID 射频标签 ………………………………………… 38

　　第二节　工业现场总线技术 ……………………………………… 44

　　第三节　无线传感器网络 ………………………………………… 53

第4章　工业监控物联网传输层 …………………………………… 57

　　第一节　传输层简介 ……………………………………………… 57

　　第二节　有线传输介质 …………………………………………… 57

　　第三节　有线短距离传输 ………………………………………… 60

　　第四节　互联网传输 ……………………………………………… 65

　　第五节　无线短距离传输 ………………………………………… 68

　　第六节　无线长距离传输 ………………………………………… 78

第5章　工业监控物联网中间件层 ………………………………… 85

　　第一节　事件驱动 EDA 体系结构 ……………………………… 85

　　第二节　面向服务的体系结构 SOA ……………………………… 90

　　第三节　事件驱动的 SOA 体系结构 …………………………… 97

　　第四节　基于 WSN 的物联网发布/订阅中间件系统 ………… 99

第6章　工业监控物联网数据呈现层 ···················· 105

　第一节　面向服务的工业监控组态软件 ···················· 105

　第二节　工业监控语义报表系统 ···················· 110

　第三节　工业监控 SVG 矢量图 ···················· 115

　第四节　GIS 地理信息系统 ···················· 121

第7章　区域集中供热物联网监控应用 ···················· 126

　第一节　区域集中供热物联网监控 ···················· 126

　第二节　数据交换层概要设计 ···················· 131

　第三节　数据交换层详细设计 ···················· 137

　第四节　基于组态的可视化监控 ···················· 162

参考文献 ···················· 165

第 1 章
物联网概述

第一节　物联网概念

1. 物联网的定义

物联网(Internet of Things)概念的提出已经有十余年的历史,并在世界范围内引起越来越高的关注。物联网的概念是在 1999 年提出的。

2005 年 11 月 17 日,在突尼斯举行的信息社会世界峰会(WSIS)上,国际电信联盟(ITU)发布了《ITU 互联网报告 2005:物联网》,正式提出了"物联网"的概念。报告指出,无所不在的"物联网"通信时代即将来临,世界上所有的物体从轮胎到牙刷,房屋到纸巾都可以通过因特网主动进行交换。射频识别技术(RFID)、传感器技术、纳米技术和智能嵌入技术将到更加广泛的应用。根据 ITU 的描述,在物联网时代,通过在各种各样的日常用品上嵌入一种短距离的移动收发器,人类在信息与通信世界里将获得一个新的沟通维度,从任何时间任何地点的人与人之间的沟通连接扩展到人与物和物与物之间的沟通连接。物联网概念的兴起,很大程度上得益于国际电信联盟(ITU)2005 年以物联网为标题的年度互联网报告。然而,ITU 的报告对物联网缺乏一个清晰的定义。

2009 年 9 月,在北京举办的物联网与企业环境中欧研讨会上,欧盟委员会信息和社会媒体司 RFID 部门负责人 Lorent Ferderix 博士给出了欧盟对物联网的定义:物联网是一个动态的全球网络基础设施,它具有基于标准和互操作通信协议的自组织能力,其中物理的和虚拟的"物"具有身份标识、物理属性、虚拟的特性和智能的接口,并与信息网络无缝整合。物联网将与媒体互联网、服务互联网和企业互联网一道,构成未来互联网。国内著名的 IT 咨询公司易观咨询认为物联网是指通过各种手段,将现实世界的物理信息进行自动化、实时性、大范围、全天候的标记、采集、汇总和分析,并在必要时进行反馈控制的网络系统。这一定义具有简明清晰的特性,但概念也略微宽泛。根据国内外机构与专家的物联网定义,简单的归纳总结,从便于理解角度,我们认为:物联网就是"物物相连的智能互联网"。这有三个意思:第一,物联网的核心和基础仍然是互联网,是在互联网基础上的延伸和扩展;第二,其用户端延伸和扩展到了任何物品与物品之间,进行信息交换和通讯;第三,该网络具有智能属性,可进行智能控制、自动监测与自动操作。更具体一点,一般认为物联网(The Internet of Things)的定义是:通过射频识别(RFID)、红外感应器、全球定位系统和激光扫描器等信息传感设备,按约定的协议,把任何物品与互联网连接起来,进行信息交换和通信,以实现智能化识别、定位、跟踪、监控和管理的一种网络。

物联网的基本思想出现于 20 世纪 90 年代末,但近年来才真正引起人们关注。目前,物联网还没有一个精准而公认的定义。这归因于:第一,目前还没有建立起物联网的理论体系,对其认识还不够深入,还不能透过现象看出本质;第二,由于物联网与互联网、移动通信网、传感网等都有密切关系,不同网络领域的研究者对物联网思考所基于的起点各异,短期内还没达成共识。通过与传感网、互联网、泛在网等相关网络的比较分析,我们认为:物联网是一个基于互联网、传统电信网等信息承载体,让所有能够被独立寻址的普通物理对象实现互联互通的网络。它具有普通对象设备化、自治终端互联化和普适服务智能化 3 个重要特征。

第二节　物联网研究现状

当前,世界各国的物联网基本上都是出于技术研究与试验阶段;美、日、韩、欧盟等都在投入巨资深入研究探索物联网,并启动了以物联网为基础的"智慧地球""U-Japan""U-Korea""物联网行动计划"等国家性区域战略规划。

1. 美国

2008 年年底,IBM 向美国政府提出了"智慧地球"的战略,强调传感器等感知技术的应用,提出建设智慧型基础设施,并智能化的快速处理、综合运用这些设施,使得整个地球上的物都"充满智慧"。由美国主导的 EPCglobal 标准在 RFID 领域呼声最高;德州仪器(TI)、英特尔、高通、IBM、微软则在通信芯片及通信模块设计制造上全球领先。

奥巴马总统就职后,积极回应了 IBM 公司提出的"智慧地球"的概念,并很快将物联网的计划升级为国家战略。该战略一经提出,在全球范围内得到极大的响应,物联网荣升2009 年最热门话题之一。奥巴马将物联网作为振兴经济的两大武器之一,投入巨资深入研究物联网相关技术。无论基础设施、技术水平还是产业链发展程度,美国都走在世界各国的前列,已经趋于完善的通信互联网络为物联网的发展创造了良好的先机。美国《经济复苏和再投资法》提出,从能源、科技、医疗、教育等方面着手,通过政府投资、减税等措施来改善经济、增加就业机会,推动美国长期发展。其中鼓励物联网技术发展政策主要体现在推动能源、宽带与医疗三大领域上。例如,得克萨斯州的电网公司建立了智慧的数字电网。这种数字电网可以在发生故障时自动感知和汇报故障位置,并且自动路由,10 秒钟之内就能恢复供电。该电网还可以接入风能、太阳能等新能源,有利于新能源产业的成长。相配套的智能电表可以让用户通过手机控制家电,给居民提供便捷的服务。

2009 年 1 月,在美国总统奥巴马与美国工商领袖的"圆桌会议"上,IBM 公司 CEO 提出"智慧地球"的概念,即把传感器放到电网、铁路、桥梁和公路等物体中,通过能量极其强大的计算机群,能够对整个网络内部人员和物体实施管理和控制。这样,人类可以更加精确地利用动态实施的方式管理生产活动和生活方式,达到"智慧"状态。该战略一经提出,在全球范围内得到极大的响应,物联网荣升当年最热门话题之一。

奥巴马将物联网作为振兴经济的两大武器之一,投入巨资深入研究物联网相关技术。无论基础设施、技术水平还是产业链发展程度,美国都走在世界各国的前列,已经趋于完善的通信互联网络为物联网的发展创造了良好的先机。

2. 欧盟

2009 年 5 月 7～8 日,欧洲各国的官员、企业领袖和科学家在布鲁塞尔就物联网进行专题讨论,并把它作为振兴欧洲经济的思路。欧盟委员会信息社会与媒体中心主任鲁道夫·施特曼迈尔说:"物联网及其技术是我们的未来"。2009 年 6 月欧盟发布了新时期下物联网的行动计划。

欧盟围绕物联网技术和应用做了不少创新性工作。在 2009 年 11 月的全球物联网会议上,欧盟专家介绍了《欧盟物联网行动计划》,意在引领世界物联网发展。从目前的发展看,欧盟已推出的物联网应用主要包括以下几方面:各成员国在药品中越来越多地使用专用序列码,确保了药品在到达病人手中之前就可得到认证,减少了制假、赔偿、欺诈现象的发生和药品分发中出现的错误。序列码能够方便地追踪用户的医药产品,确保欧洲在对抗不安全药品和打击药品制假中取得成效。一些能源领域的公共性公司已开始设计智能电子材料系统,为用户提供实时的消费信息。这样一来,电力供应商也可以对电力的使用情况进行远程监控。在一些传统领域,比如物流、制造、零售等行业,智能目标推动了信息交换,缩短了生产周期。为了加强政府对物联网的管理,消除物联网发展的障碍,欧盟制定了一系列物联网的管理规则,并建立了一个有效的分布式管理架构,使全球管理机构可以公开、公平地履行管理职责。

欧洲智能系统集成技术平台(EPoSS)在《Internet of Things in 2020》报告中分析预测,未来物联网的发展将经历四个阶段,2010 年之前 RFID 被广泛应用于物流、零售和制药领域,2010—2015 年物体互联,2015—2020 年物体进入半智能化,2020 年之后物体进入全智能化。

2009 年 5 月 7～8 日,欧洲各国的官员、企业领袖和科学家在布鲁塞尔就物联网进行专题讨论,并作为振兴欧洲经济的思路。欧盟委员会信息社会与媒体中心主任鲁道夫·施特曼迈尔说:"物联网及其技术是我们的未来"。2009 年 6 月欧盟发布了新时期下物联网的行动计划。欧盟围绕物联网技术和应用做了不少创新性工作。在 2009 年 11 月的全球物联网会议上,欧盟专家介绍了《欧盟物联网行动计划》,意在引领世界物联网发展。

从目前的发展看,欧盟各国家已推出的物联网应用主要包括以下几方面。

德国电信公司近日推出了面向全球的 M2M 市场平台,供厂商和开发商提供与 M2M (机对机)通信相关的硬件、软件、应用和整体解决方案等。该公司称,这是全球首个针对 M2M 的应用市场。该平台提供了 9 个业务分类,包括能源、医疗、交通物流、汽车、消费电子、零售、工业自动化、公共事业和安全。德国电信相关人员称,该平台提供的 M2M 领域产品"应有尽有",其意义在于打通了厂商和用户的直接通道,将大大推动 M2M 市场的发展。德国电信称,该 M2M 市场可以说是一个全球分销平台。厂商除自有渠道外,可在该市场平台上发布自己的产品,附上详细的说明和图片。而用户则可看到全球的 M2M 产品并充分比较,可下载技术说明书,找到最适合自己的单个产品或是打包服务。

德国电信计划提供适用于 M2M 领域的 SIM 卡和芯片。德国电信称,自身已经从一家传统电信运营商转型为解决方案提供商。2010 年,德国电信成立了 M2M 竞争中心,目的是同欧美客户和合作伙伴共同加快 M2M 解决方案方面的创新。2011 年 6 月,德国电信发布了 M2M 开发工具包,加速向 M2M 领域扩张。据经合组织(OECD)此前公布的数据称,全球目前约有 50 亿台独立运营的 M2M 通信设备,预计到 2020 年,这一数字将达到目前的 10 倍。

智能家居科技公司 AlertMe 联合英国天然气公司(BritishGas)推出了一款智能仪表,旨在为英国客户提供个性化的能源效率咨询服务。如此看来,电影杰森一家中未来之家的场景将离我们不远了。这种智能仪表将代替家中原有的老式煤气表,可显示用户正使用的能量有多少。AlertMe 服务通过分解相关信息来进行同类家庭比对,提出切实可行的建议(比如通过绝缘或镶嵌双层玻璃以防止热量散失),并且针对如何节省开销和能源提出实用性的方案。

TagMaster 公司宣布,其合作伙伴 GeneraleSistemi 公司已经为意大利法院成功安装 RFID 功能的车辆出入控制系统。该系统将远距离的 RFID 识别技术和光学字符识别(OCR)摄像头运用到车辆出入控制上,以提高车辆的安全性和可靠性。GeneraleSistemi 公司的 CEO Adolfo Deltodesco 在一份书面声明中说:"该系统的安装为法院带来了很多便利,使得建立在强大的 RFID 读写平台之上的 TGC 系统发挥其重要作用。"

2011 年年底,丹麦政府正式启动 2011—2015 年公共部门数字化战略,提出逐步减少纸质表格和邮递信件的使用,尽可能将公民向公共部门递交申请、报告、信件等书面通信数字化。预计到 2015 年,80% 的丹麦公共部门向公民发送的信件将采用电子邮件,80% 的申请表格将使用电子表格。此举预计在 2011—2015 年间可为丹麦政府节省 10 亿丹麦克朗(约 1.65 亿美元)的公共支出。为进一步提高网上登录服务的便捷性,实现互联网公私服务一体化解决方案,丹麦自 2010 年 7 月起推出个人数字签名一体化系统 NemID。NemID 由个人预设的密码和一张可随身携带的代码卡组成。用户凭借 NemID 便可登录网上银行、税局系统及公私机构的网站,登录后可进行个人税务年报查询、信息更新、补交税款、签证申请、发送探亲访友邀请、医疗咨询等操作。NemID 的引入真正实现了"数字一卡通",减少了密码过多或需携带众多电子银行口令卡所带来的烦恼。对社会管理体系而言,NemID 不仅提高了社会管理效率,也进一步节省了人力和物力资源。NemID 在丹麦的应用已成为公共部门数字化带动私营公司迅速发展的成功案例,公共部门和私营公司之间创新互动所产生的协同效应更为丹麦企业提供了新的竞争优势。

瑞典国家运输部将 RFID 技术运用到北环线(NorraLänken)隧道内的空气质量监控,该隧道位于斯德哥尔摩北部,长达 6 千米(3.7 英里),目前还处于建设中。自 2009 年 2 月以来,RFID 系统就已经投入使用,预计用到 2015 年隧道工程完工之际,该方案由 Identec 解决方案公司提供。IDENTEC SOLUTIONS 公司的总经理弗兰克说:"该软件对隧道内气体的含量和排气扇的转速进行实时监控"。此外,该人员监控系统还可以对人员进行追踪,发生紧急情况时自动打开隧道内监视器。自动通风系统还有助于工程节能,RFID 标签检测到隧道中有工人时,排气扇处于工作状态,否则关闭排气扇。

全球领先的高性能模拟 IC 设计者及制造商奥地利微电子公司与 NordicID 推出高性能、新一代 NordicIDUHFRFID 阅读器解决方案,该解决方案采用奥地利微电子市场领先的 UHFRFID 阅读器 IC。采用 AS3992 的 NordicIDUHFRFID 阅读器 NUR-05W 是业界最小的 500 m WRFID 引擎。该引擎模块可驱动最新发布的 NordicIDMorphic、NordicIDMerlin 和 NordicIDSampo 等系列移动式计算机和 ID 阅读器。

为了加强欧盟政府对物联网的管理,消除物联网发展的障碍。欧盟提出以下政策建议。

(1) 加强物联网管理,包括制定一系列物联网的管理规则;建立一个有效的分布式管理(Decentralised Management)架构,使全球管理机构可以公开、公平、尽责地履行管理职能。

(2) 完善隐私和个人数据保护,包括持续监测隐私和个人数据保护问题、修订相关立法、加强相关方对话等;执委会将针对个人可以随时断开联网环境(The Silence of the Chips)开展技术、法律层面的辩论。

(3) 提高物联网的可信度(Trust)、接受度(Acceptance)、安全性(Security)。

(4) 推广标准化,执委会将评估现有物联网相关标准并推动制定新的标准,持续监测欧洲标准组织(ETSI、CEN、CENELEC)、国际标准组织(ISO、ITU)以及其他标准组织(IETF、EPC Global 等)物联网标准的制定进度,确保物联网标准的制定是在各相关方的积极参与下,以一种开放、透明、协商一致的方式达成。

(5) 加强相关研发,包括通过欧盟第 7 期科研框架计划项目(FP7)支持物联网相关技术研发,如微机电、非硅基组件、能量收集技术(Energy Harvesting Technologies)、无所不在的定位(Ubiquitous Positioning)、无线通信智能系统网(Networks of Wirelessly Communicating Smart Systems)、语义学(Semantics)、基于设计层面的隐私和安全保护(Privac-and Security-by Design)、软件仿真人工推理(Software Emulating Human Reasoning)以及其他创新应用,通过公私伙伴模式(PPP)支持包括未来互联网(Future Internet)等在内项目建设,并将其作为刺激欧洲经济复苏措施的一部分。

(6) 建立开放式的创新环境,通过欧盟竞争力和创新框架计划(CIP)利用一些有助于提升社会福利的先导项目推动物联网部署,这些先导项目主要包括 E-health、E-accessibility、应对气候变迁、消除社会数字鸿沟等。

(7) 增强机构间协调,为加深各相关方对物联网机遇、挑战的理解,共同推动物联网发展,欧盟执委会定期向等欧洲议会、欧盟理事会、欧洲经济与社会委员会、欧洲地区委员会、数据保护法案 29 工作组等相关机构通报物联网发展状况。

(8) 加强国际对话,加强欧盟与国际伙伴在物联网相关领域的对话,推动相关的联合行动,分享最佳实践经验。

(9) 推广物联网标签、传感器在废物循环利用方面的应用。

(10) 加强对物联网发展的监测和统计,包括对发展物联网所需的无线频谱的管理、对电磁影响等管理。

3. 日本

日本在 2004 年推出了基于物联网的国家信息化战略 U-Japan。"U"代指英文单词"Ubiquitous"，意为"普遍存在的，无所不在的"。该战略是希望催生新一代信息科技革命，实现无所不在的便利社会。U-Japan 由日本信息通信产业的主管机关总务省提出，即物联网（泛在网）战略。目标是到 2010 年把日本建成一个充满朝气的国家，使所有的日本人，特别是儿童和残疾人，都能积极地参与日本社会的活动。通过无所不在的物联网，创建一个新的信息社会。物联网在日本已渗透到人们的衣食住中。松下公司推出的家电网络系统可供主人通过手机下载菜谱，通过冰箱的内设镜头查看存储的食品，以确定需要买什么菜，甚至可以通过网络让电饭煲自动下米做饭；日本还提倡数字化住宅，通过有线通信网、卫星电视台的数字电视网和移动通信网，人们不管在屋里、屋外或是在车里，都可以自由自在地享受信息服务。U-Japan 战略的理念是以人为本，实现所有人与人、物与物、人与物之间的联接。为了实现 U-Japan 战略，日本进一步加强官、产、学、研的有机联合。在具体政策实施上，将以民、产、学为主，政府的主要职责就是统筹和整合。

日本是世界上第一个提出"泛在"战略的国家，2004 年提出了"U-Japan"战略，即建设泛在的物联网，并服务于 U-Japan 及后续的信息化战略。日本在 2004 年推出了基于物联网的国家信息化战略 U-Japan。"U"代指英文单词"Ubiquitous"，意为"普遍存在的，无所不在的"。该战略是希望催生新一代信息科技革命，实现无所不在的便利社会。2009 年 7 月，日本 IT 战略本部颁布了日本新一代的信息化战略"I-Japan"战略，为了让数字信息技术融入每一个角落，首先将政策目标聚焦在三大公共事业：电子化政府治理、医疗健康信息服务、教育与人才培育，提出到 2015 年，透过数位技术达到"新的行政改革"，使行政流程简化、效率化、标准化、透明化，同时推动电子病历、远程医疗、远程教育等应用的发展。物联网在日本已渗透到人们的衣食住行中。

4. 韩国

2009 年 10 月 13 日，韩国通信委员会通过了《物联网基础设施构建基本规划》，将物联网市场确定为新增长动力，提出了"通过构建世界最先进的物联网基础实施，打造未来广播通信融合领域超一流信息通信技术强国"的目标，并确定了构建物联网基础设施、发展物联网服务、研发物联网技术、营造物联网扩散环境 4 大领域和 12 项详细课题。

自 1997 年起，韩国政府出台了一系列推动国家信息化建设的产业政策。为了达成上述政策目标，实现建设 U 化社会的愿望，韩国政府持续推动各项相关基础建设、核心产业技术发展，RFID/USN（传感器网）就是其中之一。韩国政府最早在"U-IT 839"计划就将RFID/USN 列入发展重点，并在此后推出一系列相关实施计划。目前，韩国的 RFID 发展已经从先导应用开始全面推广，而 USN 也进入实验性应用阶段。2004 年，面对全球信息产业新一轮"U"化战略的政策动向，韩国信息通信部提出"U-Korea"战略，并于 2006 年3 月确定总体政策规划。根据规划，"U-Korea"发展期为 2006—2010 年，成熟期为2011—2015 年。"U-Korea"战略是一种以无线传感网络为基础，把韩国的所有资源数字化、网络化、可视化、智能化，以此促进韩国经济发展和社会变革的国家战略。"U-Korea"

旨在建立信息技术无所不在的社会,即通过布建智能网络、推广最新信息技术应用等信息基础环境建设,让韩国民众可以随时随地享有科技智能服务。其最终目的,除运用 IT 科技为民众创造食、衣、住、行、体育、娱乐等各方面无所不在的便利生活服务之外,也希望通过扶植韩国 IT 产业发展新兴应用技术,强化产业优势和国家竞争力。

　　2009 年,韩国通过了 U-City 综合计划,将 U-City 建设纳入国家预算,在未来 5 年投入 4 900 亿韩元(约合 4.15 亿美元)支撑 U-City 建设,大力支持核心技术国产化,标志着智慧城市建设上升至国家战略层面。韩国对 U-City 的官方定义为:在道路、桥梁、学校、医院等城市基础设施之中搭建融合信息通信技术的泛在网平台,实现可随时随地提供交通、环境、福利等各种泛在网服务的城市。全韩国的 U-City 建设规划与管理由政府国土海洋部负责,该部为 U-City 建设制定了两大目标与四大推进战略。两大目标:一是让 U-City 成为韩国经济增长新引擎,培育 U-City 新型产业;二是将 U-City 建设模式向国外推广。四大推进战略:一是构建 U-City 制度平台,包括 U-City 综合规划,U-City 规划、建设指南,建设工程与 IT 的融合技术指南,U-City 管理运营指南,U-服务标准,分类标准指南;二是开发核心技术,包括 U-生态城研发项目、推进技术开发与拓展国外市场、U-City 相关技术开发以及制定相关标准;三是扶持 U-City 产业发展,包括 U-City 试点建设、U-City 相关产业的培育、建设工程与 IT 的融合、组建韩国泛在网城市协会;四是培育人才,包括培育高级人才、培育专业技能人才、开设教育门户、公务员培训。

第三节　物联网的应用

1. 物联网在工业领域中的应用

　　工业是物联网应用的重要领域。具有环境感知能力的各类终端、基于泛在技术的计算模式、移动通信等不断融入到工业生产的各个环节,可大幅提高制造效率,改善产品质量,降低产品成本和资源消耗,将传统工业提升到智能工业的新阶段。从当前技术发展和应用前景来看,物联网在工业领域的应用主要集中在以下几个方面。

　　(1) 制造业供应链管理

　　物联网应用于企业原材料采购、库存、销售等领域,通过完善和优化供应链管理体系,提高了供应链效率,降低了成本。空中客车(Airbus)通过在供应链体系中应用传感网络技术,构建了全球制造业中规模最大、效率最高的供应链体系。

　　(2) 生产过程工艺优化

　　物联网技术的应用提高了生产线过程检测、实时参数采集、生产设备监控、材料消耗监测的能力和水平。生产过程的智能监控、智能控制、智能诊断、智能决策、智能维护水平不断提高。钢铁企业应用各种传感器和通信网络,在生产过程中实现对加工产品的宽度、厚度、温度的实时监控,从而提高了产品质量,优化了生产流程。

　　(3) 产品设备监控管理

　　工业生产应用物联网对产品设备监控管理是多方面的。例如,纺织业生产中,为了对设备的实时监控,在生产设备上安装 RFID,可随时扫描监控设备的使用状况,获得运转速度、使用效率、原材料消耗等信息，并传输至应用平台，以便及时调整校验。又如，光纤传感器应用于石油测井。在天然气开发过程中，压力、温度、流量等参数是油气井下的重要数据。如何克服井下高温、高压、腐蚀、地磁干扰等恶劣的工作环境，运用先进设备及时获取油气井下信息，对石油工业具有极为重要的价值。光纤光栅传感器在井下具有耐高温、耐高压、耐腐蚀、抗地磁干扰的特点，同时，光纤传感器横截面积小，在油气井中占据空间极小，具有分布式测量能力，可以测量井下参数的空间分布，给出剖面信息，能够精确地测量井下环境的参数。GE Oil & Gas 集团在全球建立了 13 个面向不同产品的 I-Cente（综合服务中心），通过传感器和网络对设备进行在线监测和实时监控，并提供设备维护和故障诊断的解决方案。

（4）环保监测及能源管理

物联网与环保设备的融合实现了对工业生产过程中产生的各种污染源及污染治理各环节关键指标的实时监控。在重点排污企业排污口安装无线传感设备，不仅可以实时监测企业排污数据，而且可以远程关闭排污口，防止突发性环境污染事故的发生。电信运营商已开始推广基于物联网的污染治理实时监测解决方案。

（5）工业安全生产管理

把感应器嵌入和装备到矿山设备、油气管道、矿工设备中，可以感知危险环境中工作人员、设备机器、周边环境等方面的安全状态信息，将现有分散、独立、单一的网络监管平台提升为系统、开放、多元的综合网络监管平台，实现实时感知、准确辨识、快捷响应、有效控制。煤矿工人在井下作业时，矿井安全至关重要。作为物联网应用的一个重要领域，"感知矿山"可通过各种感知、信息传输与处理技术，实现对真实矿山整体及相关现象的可视化、数字化及智能化。物联网将矿山地理、地质、矿山建设、矿山生产、安全管理、产品加工与运销、矿山生态等综合信息全面数字化，将感知技术、传输技术、信息处理、智能计算、现代控制技术、现代信息管理等与现代采矿及矿物加工技术紧密结合，构成矿山人与人、人与物、物与物相联的网络，动态详尽地描述并控制矿山安全生产与运营的全过程。物联网可以避免重大事故的发生，保证煤矿可持续发展。例如，遇到瓦斯泄漏，"感知矿山"事前发出预报，在瓦斯囤积爆炸前，工人就能疏散脱离险境。

2. 物联网与智能交通系统

智能交通系统是一个基于现代电子信息技术面向交通运输的服务系统。它是以完善的交通设施为基础，将先进的信息技术、数据通信技术、控制技术、传感器技术、运筹学、人工智能和系统综合技术有效地集成应用于交通运输、服务控制和车辆制造，加强车辆、道路、使用者三者之间的联系，从而形成一种定时、准时、高效的综合运输系统，从而使交通基础设施发挥出最大的效能，提高服务质量，使社会能够高效地使用交通设施和资源。它的突出特点是以信息的收集、处理、发布、交换、分析、利用为主线，为交通参与者提供多样性的服务。也就是利用高科技使传统的交通模式变得更加智能化，更加安全、节能、高效率。物联网作为新一代信息技术的重要组成部分，通过射频识别、全球定位系统等信息感应设备，按照约定的协议，把任何物体与互联网相连，进行信息交换和通信。随着物联网技术的不断发展也为智能交通系统的进一步发展和完善注入了新的动力。智能交通系统主要包括以下几个方面。

（1）交通信息服务系统

交通信息服务系统是建立在完善的信息网络基础上，交通参与者通过装备在道路上、车上、换乘站上、停车场上以及气象中心的传感器和传输设备，可以向交通信息中心提供各地的实时交通信息；该系统得到这些信息并通过处理后，实时向交通参与者提供道路交通信息、公共交通信息、换乘信息、交通气象信息、停车场信息以及相关的其他信息；出行者根据这些信息确定自己的出行方式，选择路线，更进一步，当车上装备了自动定位和导航系统时，该系统甚至可以帮助驾驶员自动选择行驶路线。

（2）交通管理系统

交通管理系统主要是给交通管理者使用的，它将对道路系统中的交通状况、交通事故、气象状况和交通环境进行实时的监视，根据收集到的信息，对交通进行控制，如信号灯、发布诱导信息、道路管制、事故处理与救援等。

（3）交通管理系统

公共交通系统主要目的是改善公共交通的效率（包括公共汽车、地铁、轻轨地铁、城郊铁路和城市间的长途公共汽车），使公交系统实现安全便捷、经济、运量大的目标。

（4）车辆控制系统

从当前发展看，可以分为两个层次：一是车辆辅助安全驾驶系统，该系统有车载传感器（微波雷达、激光雷达、摄像机、其他形式的传感器）、车载计算机和控制执行机构等，行使中的车辆通过车载的传感器测定出与前车、周围车辆以及与道路设施的距离和其他情况，车载计算机进行处理，对驾驶员提出警告，在紧急情况下，强制车辆制动；二是自动驾驶系统，装备了这种系统的汽车业成为智能汽车，它在行使中可以做到自动导向，自动检测和回避障碍物，在智能公路上，能够在较高的速度下自动保持与前车的距离。必须指出的是，智能汽车在智能公路上才能发挥出全部功能，如果在普通公路上使用，它仅仅是一辆装备了辅助安全驾驶系统的汽车。

（5）电子收费系统

道路收取通行费，是道路建设资金回收的重要渠道之一，但是随着交通量的增加，收费站开始成为道路上新的瓶颈。电子收费系统就是为了解决这个问题而开发的，使用者在市场购买车载的电子收费装置，经政府指定的部门加装安全模块后即可安装在自己的车上，然后向高速公路或者银行预交一笔停车费，领到一张内部装有芯片的通行卡（即IC卡），将其安装在自己汽车的指定位置，这样当汽车通过收费站的不停车收费车道时，该车道上安装的读取设备与车上的卡进行相互通信，自动在预交账户上将本次通行费扣除。不停车收费系统是目前世界上最先进的路桥收费方式。通过安装在车辆挡风玻璃上的车载器与在收费站ETC车道上的微波天线之间的微波专用短程通信，利用计算机联网技术与银行进行后台结算，从而达到车辆通过路桥收费站不需要停车而能交纳路桥费的目的，且所交纳的费用经过后台处理后清分给相关的收益业主，在现在的车道上安装电子不停车收费系统，可以使车道的通行能力提高3～5倍。

3. 智慧医疗

智慧医疗包含数字医院、移动医疗、区域医疗、公共卫生、医疗物联网五大领域。通过整合移动计算、智能识别、数据融合、云计算等技术来构建智慧医疗，通过无线通信平台、数据交换与协同平台、医疗物联网应用平台和定位平台,真正实现医疗行业整体信息化与智能化的应用。智慧医疗是物联网的重要的研究领域,物联网利用传感器等信息识别技术,通过无线网络实现患者与医务人民、医疗机构、医疗设备的互动;未来在更多的融合人工智能、传感技术等高科技后,在基于健康档案区域卫生信息平台的支撑下,在必将使医疗服务走上真正意义的智慧化,推动医疗事业的繁荣发展。

（1）数字医院

智慧数字医院整体解决方案是在与浙江大学医学院附属邵逸夫医院、无锡市人民医院等国内著名医院进行了长期的合作,结合现代化医院的管理流程和业务特点,经过大量的市场调研,并参考不同医院对信息化建设的需求,而开发出面向不同规模医院的数字化医院全面解决方案。通过将建筑智能化与医疗信息化建设,利用移动计算、智能识别和数据融合等技术手段,提高医院的信息化水平和综合管理能力。

（2）移动医疗

智慧移动医疗解决方案基于移动计算、智能识别和无线网络等基础技术而设计,实现医护移动查房和床前护理、病人药品及标本的智能识别、人员和设备的实时定位、病人呼叫的无线传达等功能。基于智慧的不断创新、锐意进取的基础技术和应用支撑平台,同时作为国内最早推出移动临床信息系统的厂商,经过多年积累,已经形成了涵盖医院门诊管理、住院管理、营养管理、药品管理和耗材管理等一系列移动应用解决方案和智慧医院系统,包括移动临床信息系统、移动门诊输液系统、医院营养点餐系统、移动库房及资产管理系统等。

（3）医疗物联网

智慧医疗物联网是未来智慧医疗的核心,它把网络中所有的医疗资源,包括"人"、"物"以及所有相联的智能系统,都基于完全平等的地位进行沟通和交互,继而实现"全面的互联互通",最后获得"更智慧的医疗处理结果"。医疗物联网的实质,是将各种信息传感设备,如 RFID 装置、红外感应器、全球定位系统、激光扫描器、医学传感器等种种装置与互联网结合起来而形成的一个巨大网络。其目的,是让所有的资源都与网络连接在一起,进而实现资源的智能化、信息共享与互联。

（4）区域医疗

智慧区域医疗信息化通过广域网将医院、中心卫生院、社区卫生服务站、卫生局等接入专网,建立区域健康数据中心,同时建立共享系统和社区卫生服务系统等应用,实现所有联网单位间的病人健康数据共享。智慧区域医疗信息化整体解决方案以建立区域协同医疗共享平台为目标。通过建立个人电子健康档案为线索,构建区域内医疗管理机构、医院和社区卫生中心为主的专用网络为基础,建设区域健康数据中心和区域数据交换协同平台,整合区域信息资源,以统一的服务接口为不同使用者信息服务,实现个人与医院之间的信息交流和卫生资源共享。

（5）公共卫生

智慧医疗提供对于重大突发公共卫生事件在疾病监测、应急反应、工作部署与实施操作等环节所需的信息技术支持。系统建立在统一管控的基础信息平台上,应急指挥系统、监督管理系统等子系统分工合作、资源共享,具备可扩展性和开放性。智慧医疗解决方案针对公共卫生的管理和安全,通过建立强大的公共卫生数据中心和应急指挥系统,构建"听得见,看得着,查得到,控制得住"的指挥枢纽,统一指挥区域内的公共突发事件的应急管理;建立强大的卫生监督系统,推动卫生监督执法综合管理的现代化进程。

(6)数字医院无线网络集成

无线网络集成的目标是以弱电工程为基础,构筑满足医院实现数字化、信息化、智能化发展的中长期目标,建设医院数字化、信息化、智能化可持续发展的系统基础平台;实现医疗现代化、楼宇智能化、平台数字化、管理信息化、服务网络化等功能,从而为患者和家属营造一个舒适、方便、安全的就医环境;为医护工作人员提供一个便捷、高效、安全的工作环境。

4. 智慧农业

"农业物联网",就是物联网技术在农业生产经营管理中的具体应用,通过操作终端及传感器采集各类农业数据,通过无线传感器网、移动通信无线网、有线网等实现信息传输,通过作业终端实现农业生产过程全监控与管理。"农业物联网"既能改变粗放的农业经营管理方式,也能提高农作物疫情疫病防控能力,确保农产品质量安全,引领现代农业发展。利用物联网信息化手段进行农业经济运行监测,掌握农业生产与农业经济运行的动态,监测农业生产经营的成本收益变化,对农业生产经营活动提供分析。提高农业市场监管的电子化、网络化水平,公开一站式服务,提高工作效率,降低企业成本。利用信息化为决策支持、生产经营服务,实现动态监测、先兆预警等。加强农业信息化服务体系,提高信息化装备,健全信息服务队伍,延伸信息网络,提高信息服务能力。

(1)农业生态环境管理

农业生产是一个以自然生态系统为基础的人工生态系统,它远比自然生态系统结构简单,生物种类少,食物链短,自我调节能力较弱,易受自然气候、病虫害、杂草生长的影响。农业生产的不稳定性,很大程度上受自然环境的约束,因而应创造良好的农业生态环境,才能取得较佳的经济效益。良好的农业生态环境有赖于森林、草原、水域等生态系统的支持、保护和调节。农业生态系统就其生产力来说应当比自然生态系统更高,因此除太阳光照外,还必须加入辅助能,如农机、化肥、农药、排灌、收获、运输、加工等,通过人类的劳动和管理,只有不断地调整和优化生态系统的结构和功能,才能以较少的投入,得到最大的产出。

(2)农业生产过程管理

农业生产过程管理的目标是利用物联网信息技术改善生产系统的工作效率,提高投入资源的附加值,减少不必要的浪费及资源损耗,从而满足客户需求。同时实施标准化的生产过程与管理,达到农业生产过程管理与提升农业生产竞争力的目标。技术实现方面,通过采用各传感器、视频设备、GIS地理信息技术、GPS定位技术、二维码技术,并建设一个智能分析模型,实现农业生产过程信息化管理平台,实现在互联网及桌面计算机、智能手机等终端上进行系统访问与管理各个设备。

(3)农业装备与设施管理

随着设施农业快速发展和装备大量使用,各种农业等设施装备的问题日益突出,事故隐患增加。为进一步提升设施农业装备安全及生产水平,需要建设一套完善的农业装备管理系统来满足日益发展的需要。设施装备是设施农业发展的基础条件。加强设施农业装备的维护管理,减轻气候剧烈变化对设施农业生产带来的不利影响,为确保农产品生产供应正常。基于物联网技术为基础的农业装备与设施管理的目标是利用物联网信息技术应用于农业装备与设施管理,提高投入资源的附加值,减少资源损耗。同时,实施标准化农业装备与设施管理,达到农业装备与设施管理目标,提升农业生产竞争力。

5. 智慧物流

IBM 于 2009 年提出了建立一个面向未来的具有先进、互联和智能三大特征的供应链,通过感应器、RFID 标签、制动器、GPS 和其他设备及系统生成实时信息的"智慧供应链"概念,紧接着"智慧物流"的概念由此延伸而出。与智能物流强调构建一个虚拟的物流动态信息化的互联网管理体系不同,"智慧物流"更重视将物联网、传感网与现有的互联网整合起来,通过以精细、动态、科学的管理,实现物流的自动化、可视化、可控化、智能化、网络化,从而提高资源利用率和生产力水平,创造更丰富社会价值的综合内涵。

(1)物流生产和运输领域

基于物联网的支持,电子标签承载的信息可以被实时获取,从而清楚地了解到产品的具体位置,进行自动跟踪。对制造商而言,原材料供应管理和产品销售管理是其管理的核心,物联网的应用使得产品的动态跟踪运送和信息的获取更加方便,对不合格的产品及时召回,降低产品退货率,提高了自己的服务水平,同时也提高了消费者对产品的信赖度。另外,制造商与消费者信息交流的增进使其对市场需求做出更快的响应,在市场信息的捕捉方面就夺得了先机,从而有计划地组织生产,调配内部员工和生产资料,降低甚至避免因牛鞭效应带来的投资风险。对运输商而言,通过电子产品代码 EPC 自动获取数据,进行货物分类,降低取货、送货成本。并且,EPC 电子标签中编码的唯一性和仿造的难度可以用来鉴别货物真伪。由于其读取范围较广,则可实现自动通关和运输路线的追踪,从而保证了产品在运输途中的安全。即使在运输途中出现问题,也可以准确地定位,做出及时的补救,使损失尽可能降到最低。这就大大提高了运输商送货的可靠性和效率,提高了服务质量。此外,运输商通过 EPC 可以提供新信息增值服务,从而提高收益率,维护其资产安全。

(2)物流仓储领域

出入库产品信息的采集因为物联网技术的运用,而嵌入相应的数据库,经过数据处理,实现对产品的拣选、分类堆码和管理。若仓储空间设置相应的货物进出自动扫描纪录,则可防止货物的盗窃或因操作人员疏忽引起的物品流失,从而提高库存的安全管理水平。现今,它已经广泛使用于货物和库存的盘点及自动存取货物等方面。

(3)销售管理领域

物联网系统具有快速的信息传递能力,能够及时获取缺货信息,并将其传递到卖场的仓库管理系统,经信息汇总传递给上一级分销商或制造商。及时准确的信息传递,有利于上游供应商合理安排生产计划,降低运营风险。在货物调配环节,RFID 技术的支持大大提高了货物拣选、配送及分发的速度,还在此过程中实时监督货物流向,保障其准时准点到达,实现了销售环节的畅通。对零售商而言,实施 EPC 保证了合理的货物仓储数量,从而提高定单供货率,降低脱销的可能性和库存积压的风险。由于自动结算速度的大幅提高,卖场就可以降低最小安全存货量,增加流动资金。由于可以实现单品识别,每个产品都具有特殊代表性,它们在货架上的具体位置、所处状态,可通过信息阅读随时传递至互联网,在信息处理之后反馈给管理人员,可以有效防盗,避免销售损失。

（4）商品消费领域

物联网的出现使得个性化购买、排队等候时间缩短变为现实。消费者随时掌握所购买产品及其厂商的相关信息,对有质量问题的产品进行责任追溯。事实上,由于产品在生产之初直至消费者手中的整个过程都经由实时的质量和数量追踪并依据情况做出补救,到消费者手中的残次产品几乎为零。这样,即保证消费者购买到满意商品,还可以防止残次产品因不及时有效处理而对周围环境带来威胁。特别是有毒有害的危险品,随意丢弃将可能造成严重的环境污染,酿成巨大的损失。

第 2 章
工业监控物联网体系结构

第一节　物联网体系结构

　　物联网是通过 RFID 技术、无线传感器技术以及定位技术等自动识别、采集和感知获取物品的标识信息、物品自身的属性信息和周边环境信息,借助各种电子信息传输技术将物品相关信息聚合到统一的信息网络中,并利用云计算、模糊识别、数据挖掘以及语义分析等各种智能计算技术对物品相关信息进行分析融合处理,最终实现对物理世界的高度认知和智能化的决策控制。物联网应该具备三个特征,一是全面感知,即利用 RFID、传感器、二维码等随时随地获取物体的信息;二是可靠传递,通过各种电信网络与互联网的融合,将物体的信息实时准确地传递出去;三是智能处理,利用云计算、模糊识别等各种智能计算技术,对海量数据和信息进行分析和处理,对物体实施智能化的控制。在业界,物联网大致被公认为有三个层次,底层是用来感知数据的感知层,第二层是数据传输的网络层,最上面则是内容应用层。物联网的体系结构如图 2-1 所示。

　　感知层,是物联网的皮肤和五官——识别物体,采集信息。感知层包括二维码标签和识读器、RFID 标签和读写器、摄像头、GPS 等,主要作用是识别物体,采集信息,与人体结构中皮肤和五官的作用相似,是物联网的核心技术,是联系物理世界和信息世界的纽带。另外,作为一种新兴技术,无线传感器网络主要通过各种类型的传感器对物质性质、环境状态、行为模式等信息开展大规模、长期、实时的获取。感知层实现对物理世界的智能感知识别、信息采集处理和自动控制,并通过通信模块将物理实体连接到网络层和应用层。

　　网络层,是物联网的神经中枢和大脑——信息传递和处理。网络层包括通信与互联网的融合网络、网络管理中心和信息处理中心等。网络层将感知层获取的信息进行传递和处理,类似于人体结构中的神经中枢和大脑。主要作用是把感知识别层数据接入互联网,供上层服务使用,互联网以及下一代互联网是物联网的核心网络,处在边缘的各种无线网络则提供随时随地的网络接入服务。网络层主要实现信息的传递、路由和控制,包括

14

延伸网、接入网和核心网,网络层可依托公众电信网和互联网,也可以依托行业专用通信网络。应用层包括应用基础设施/中间件和各种物联网应用。

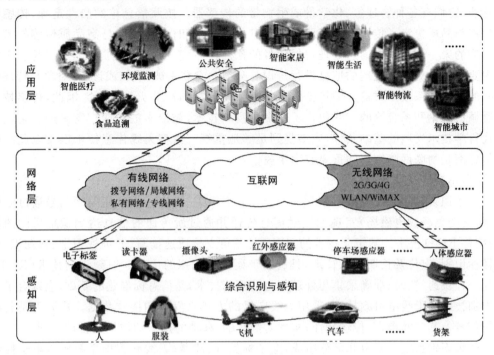

图 2-1　物联网的体系结构

应用层,是物联网的"社会分工"——与行业需求结合,实现广泛智能化。应用层是物联网与行业专业技术的深度融合,与行业需求结合,实现行业智能化,这类似于人的社会分工,最终构成人类社会。应用基础设施/中间件为物联网应用提供信息处理、计算等通用基础服务设施、能力及资源调用接口,以此为基础实现物联网在众多领域的各种应用。

在物联网各层之间,信息不是单向传递的,也有交互、控制等,所传递的信息多种多样,这其中关键是物品的信息,包括在特定应用系统范围内能唯一标识物品的识别码和物品的静态与动态信息。物联网各层之间既相对独立又联系密切。在综合应用层以下,同一层次上的不同技术互为补充,适用于不同环境,构成该层次技术的全套应对策略。而不同层次提供各种技术的配置和组合,根据应用需求,构成完整的解决方案。总而言之,技术的选择应以应用为向导,根据具体的需求和环境,选择合适的感知技术、联网技术和信息处理技术。

第二节　工业监控物联网体系结构

1. 感知层

数据感知层是物联网结构的基础,主要利用读写器、摄像头、GPS、RFID 技术以及识读器等实现数据的采集过程。传感技术是关于从自然信源获取信息,并对之进行处理(变换)和识别的一门多学科交义的现代科学与工程技术,它涉及传感器(又称换能器)、信息处理和识别的规划设计、开发、制/建造、测试、应用及评价改进等活动。获取信息靠各类传感器,它们有各种物理量、化学量或生物量的传感器。按照信息论的凸性定理,传感器的功能与品质决定了传感系统获取自然信息的信息量和信息质量,是高品质传感技术系统构造的第一个关键。信息处理包括信号的预处理、后置处理、特征提取与选择等。识别的主要任务是对经过处理的信息进行辨识与分类。它利用被识别(或诊断)对象与特征信息间的关联关系模型对输入的特征信息集进行辨识、比较、分类和判断。因此,传感技术是遵循信息论和系统论的。它包含了众多的高新技术,被众多的产业广泛采用。它也是现代科学技术发展的基础条件,应该受到足够地重视。微型无线传感技术以及以此组件的传感网是物联网感知层的重要技术手段。

（1）RFID 技术

射频识别(Radio Frequency Identification,RFID)技术,一项利用射频信号通过空间耦合(交变磁场或电磁场)实现无接触信息传递并通过所传递的信息达到识别目的的技术,统称 RFID 技术。基于此技术的 RFID 标签可支持快速读写、非可视识别、移动识别、多目标识别、定位及长期跟踪管理,具有条形码无可比拟的优势。射频识别技术(RFID)作为一种快速、实时、准确采集与处理信息的高新技术,是信息标准化的基础,它综合了自动识别技术和无线电射频技术,采用无线广播的方式来发射和接收数据。其原理是利用射频信号及其空间耦合、传输特性,实现对静止的、移动的待识别物品的自动识别。

射频识别系统主要由几部分组成:电子标签、阅读器、天线和管理系统等。电子标签就是通常所说的 RFID 芯片,它附着在待识别的物品上,是射频系统真正的数据载体。阅读器也称为读写器,它通过电磁波把能量传递给 RFID 芯片,芯片得到能量后,把其载有的信息再发送给读写器,这样就完成了一个读取过程。当带有标签的物品通过其读取范围时,它自动以非接触方式将标签中的约定识别信息读出,从而实现自动识别物品或收集物品标识信息的功能。

RFID 技术有广泛的用途,可以替代条形码,已经应用于铁路车号识别、身份证和票证管理、动物标识、特种设备与危险品管理、公共交通以及生产过程管理等多个领域。和传统条形码识别技术相比,RFID 有以下优势。

① 快速扫描:条形码一次只能有一个条形码受到扫描;RFID 读写器可同时识别数个 RFID 标签。

② 体积小型化、形状多样化:RFID 在读取上并不受尺寸大小与形状限制,不需为了读取精确度而配合纸张的固定尺寸和印刷品质。此外,RFID 标签更可往小型化与多样形态发展,以应用于不同产品。

③ 抗污染能力和耐久性:传统条形码的载体是纸张,因此容易受到污染,但 RFID 对水、油和化学药品等物质具有很强抵抗性。此外,由于条形码是附于塑料袋或外包装纸箱上,所以特别容易受到折损;RFID 卷标是将数据存在芯片中,因此可以免受污损。

④ 可重复使用:现今的条形码印刷上去之后就无法更改,RFID 标签则可以重复地新增、修改、删除 RFID 卷标内储存的数据,方便信息的更新。

⑤ 穿透性和无屏障阅读:在被覆盖的情况下,RFID 能够穿透纸张、木材和塑料等非

金属或非透明的材质,并能够进行穿透性通信。而条形码扫描机必须在近距离而且没有物体阻挡的情况下,才可以辨读条形码。

⑥ 数据的记忆容量大:一维条形码的容量是 50 B,二维条形码最大的容量可储存 2～3 000 字符,RFID 最大的容量则有数 MB。随着存储器的发展,数据容量也有不断扩大的趋势。

⑦ 安全性:由于 RFID 承载的是电子式信息,其数据内容可经由密码保护,使其内容不易被伪造及篡改。

(2) 无线传感器网络

20 世纪 90 年代末,随着现代传感器、无线通信、现代网络、嵌入式计算、微机电、集成电路、分布式信息处理与人工智能等新兴技术的发展与融合,以及新材料、新工艺的出现,传感器技术向微型化、无线化、数字化、网络化、智能化方向迅速发展。由此研制出了各种具有感知、通信与计算功能的智能微型传感器。由大量的部署在监测区域内的微型传感器节点构成的无线传感器网络,通过无线通信方式智能组网,形成一个自组织网络系统,具有信号采集、实时监测、信息传输、协同处理、信息服务等功能,能感知、采集和处理网络所覆盖区域中感知对象的各种信息,并将处理后的信息传递给用户。WSN 可以使人们在任何时间、地点和任何环境条件下,获取大量详实可靠的物理世界的信息,这种具有智能获取、传输和处理信息功能的网络化智能传感器和无线传感器网,正在逐步形成 IT 领域的新兴产业。它可以广泛应用于军事、科研、环境、交通、医疗、制造、反恐、抗灾、家居等领域。

无线传感器网络(Wireless Sensor Network,WSN)就是由部署在监测区域内大量的廉价微型传感器节点组成,通过无线通信方式形成的一个多跳的自组织的网络系统,其目的是协作地感知、采集和处理网络覆盖区域中被感知对象的信息,并发送给观察者。传感器、感知对象和观察者构成了无线传感器网络的三个要素。无线传感器网络技术的基本功能是将一系列空间上分散的传感器单元通过自组织的无线网络进行连接,从而将各自采集的数据通过无线网络进行传输汇总,以实现对空间分散范围内的物理或环境状况的协作监控,并根据这些信息进行相应的分析和处理。WSN 技术贯穿物联网的三个层面,是结合了计算、通信、传感器三项技术相的一门新兴技术,具有较大范围、低成本、高密度、灵活布设、实时采集、全天候工作的优势,且对物联网其他产业具有显著带动作用。

① ZigBee

ZigBee 是一种新兴的短距离、低速率无线网络技术,它是一种介于无线标记技术和蓝牙之间的技术提案。它此前被称作"HomeRF Lite"或"FireFly"无线技术,主要用于近距离无线连接。它有自己的无线电标准,在数千个微小的传感器之间相互协调实现通信。这些传感器只需要很少的能量,以接力的方式通过无线电波将数据从一个传感器传到另一个传感器,所以它们的通信效率非常高。最后,这些数据就可以进入计算机用于分析或者被另外一种无线技术如 WiMax 收集。

ZigBee 基础是 IEEE 802.15.4,它是 IEEE 无线个人区域网(Personal Area Network,PAN)工作组的一项标准,被称作 IEEE 802.15.4(ZigBee)技术标准。ZigBee 不只是 802.15.4 的名字。因为 IEEE 802.15.4 仅规范了低级 MAC 层和物理层协议,但

ZigBee 联盟对其网络层协议和 API 进行了标准化。ZigBee 完全协议用于一次可直接连接到一个设备的基本节点的 4 KB 或者作为 Hub 或路由器的协调器的 32 KB。每个协调器可连接多达 255 个节点，而几个协调器则可形成一个网络，对路由传输的数目则没有限制。ZigBee 联盟还开发了安全层，以保证这种便携设备不会意外泄露其标识，而且这种利用网络的远距离传输不会被其他节点获得。

ZigBee 联盟成立于 2001 年 8 月。2002 年下半年，英国 Invensys 公司、日本三菱电气公司、美国摩托罗拉公司以及荷兰飞利浦半导体公司四大巨头共同宣布，它们将加盟"ZigBee 联盟"，以研发名为"ZigBee"的下一代无线通信标准，这一事件成为该项技术发展过程中的里程碑。到目前为止，除了 TI（德州仪器）、Invensys、Ember、三菱电子、摩托罗拉、飞思卡尔和飞利浦等国际知名的大公司外，该联盟已有 200 多家成员企业，并在迅速发展壮大。其中涵盖了半导体生产商、IP 服务提供商、消费类电子厂商及 OEM 商等，例如 Honeywell、Eaton 和 Invensys Metering Systems 等工业控制和家用自动化公司，甚至还有像 Mattel 之类的玩具公司。所有这些公司都参加了负责开发 ZigBee 物理和媒体控制层技术标准的 IEEE 802.15.4 工作组。

ZigBee 网络层（NWK）支持星型、树型和网状网络拓扑。在星型拓扑中，网络由一个叫做 ZigBee 协调器的设备控制。ZigBee 协调器负责发起和维护网络中的设备，以及所有其他设备，称为终端设备，直接与 ZigBee 协调器通信。在网状和树型拓扑中，ZigBee 协调器负责启动网络，选择某些关键的网络参数，但是网络可以通过使用 ZigBee 路由器进行扩展。在树型网络中，路由器使用一个分级路由策略在网络中传送数据和控制信息。树型网络可以使用 IEEE 802.15.4-2003 规范中描述的以信标为导向的通信。网状网络允许完全的点对点通信。网状网络中的 ZigBee 路由器不会定期发出 IEEE 802.15.4-2003 信标。ZigBee 规范仅描述了内部 PAN 网络，即通信开始和终止都是在同一个网络。

ZigBee 技术是一种具有统一技术标准的短距离无线通信技术，其 PHY 层和 MAC 层协议为 IEEE 802.15.4 协议标准，网络层是由 ZigBee 技术联盟制定，应用层的开发根据用户自己的应用需要，对其进行开发利用，因此该技术能够为用户提供机动灵活的组网方式。

ZigBee 由 IEEE 批准通过的 802.15.4 无线标准研制开发的，包括组网、安全和应用软件方面的技术标准。IEEE 仅处理低级 MAC 层和 PHY 层协议，ZigBee 联盟对网络层协议和 API 进行了标准化，还开发了安全层，以保证这种便携设备不会意外泄露其标识，而且这种利用网络的远距离传输不会被其他节点获得。完整 ZigBee 协议套件由高层应用规范、应用会聚层（API）、网络层、数据链路层（MAC）和物理层（PHY）等 6 个层组成。

PHY 层：IEEE 802.15.4 标准为低速率无线个人域网（LR-WPAN）定义了 OSI 模型开始的两层。PHY 层定义了无线射频应该具备的特征，它支持二种不同的射频信号，分别位于 2.4 GHz 波段和 868/915 MHz 波段。2.4 GHz 波段射频可以提供 250 kbit/s 的数据速率和 16 个不同的信道。868/915 MHz 波段中，868 MHz 支持 1 个数据速率为 20 kbit/s 的信道，915 MHz 支持 10 个数据速率为 40 kbit/s 的信道。

MAC 层：MAC 层负责相邻设备间的单跳数据通信。它负责建立与网络的同步，支持关联和去关联以及 MAC 层交全，它能提供二个设备之间的可靠链接。

　　NWK 层（网络层）：网络层将主要考虑采用基于 Tadhoc 技术的网络协议，应包含两个功能，即通用的网络层功能，拓扑结构的搭建和维护，命名和关联业务，包含了寻址、路由和安全；有自组织、自维护功能，以最大程度减少消费者的开支和维护成本。

　　安全层：主要负责数据的加密机制，其格式有 32 位、64 位、128 位。

　　APL 层（应用层）：将主要负责把不同的应用映射到 ZigBee 网络上，具体而言包括 4 个方面的功能，即安全与鉴权、多个业务数据流的会聚、设备发现；业务发现。

　　② RuBee

　　IEEE 在 2007 年初推出了新一代的短距离无线传输标准 RuBee，不过与现有的低功率无线标准，如 ZigBee、WiBree 之类的技术比较起来，RuBee 比较偏向于无线射频标签的补充技术，而不是通用的终端设备无线感测。IEEE 所推出的无线传输标准 RuBee，也称为 IEEE 1902.1。RuBee 是个双向性、随选（On Demand）、点对点的无线传输标准，工作频率低于 450 kHz，并且在 132 kHz 可以得到最佳的传输效果，在传输距离方面，约从 3～30 公尺。RuBee 是一种用于物品识别的新型技术。传统的物品识别技术主要有条形码和射频识别（RnD）技术。条形码识别技术是通过一组宽窄条纹来代表数据信息；RFID 是通过射频信号识别目标对象来获取数据信息。RuBee 类似于 RFID，是一种双向的、非接触的、利用电磁波收发报文的一种无线通信技术。但 RuBee 又不同于 RFID，RuBee 使用频率为 131 kHz 的长波进行通信。低的载频虽然读写速率仅为 1.2 kbit/s，但速率在物品识别时显然不是最主要的因素，较小的发送功率能够延长它的使用寿命。此外，RuBee 工作于近场 12 J，产生的信号几乎都是磁信号，因此不受水和金属的影响，保密性高，对人身健康安全，而且它易于与传感器结合使用，这使得 RuBee 具有更广泛的应用范围和实用价值。一套完整的 RuBee 系统，是由读写器（Reader）、标签（TAG）和数据管理系统三部分组成。

　　• 读写器

　　读写器是负责读取或写入标签信息的设备。它由控制模块发送 Request（请求）报文，经中频载波调制，由天线发送给标签。当请求报文到达目的标签后，相应的标签会回复应答消息，当消息到达读写器后，读写器对应答消息进行解调及译码，最后通过接口模块（如 RS232 接口/脚 45 接口）传递给计算机的数据管理系统。在 Request 报文中包括用于同步的起始字段、寻求目的标签的地址字段、含有内容的数据字段，以及对报文进行检错或纠错的帧校验序列字段。对于读写器中的天线，要求它有非常高的灵敏度以确保能够准确地接收标签发送的小能量的信号，并需要具备一些处理机制，例如，防冲突机制。当读写器在请求报文中的地址字段填入广播或者组播地址时，在本地会有多个标签对此响应。同一时刻，读写器可能收到多个标签的应答消息，由于 RuBee 的读写速率很低，所以在一段时间内，只能处理一个标签的信息，这样就可能造成应答消息之间的冲突。对于这些同时传来的信号，读写器只对能量最强的信号进行处理，而来自其他标签的信号则作为噪声予以拒绝。另外，同步机制是把所有读写器的请求报文或者所有标签的应答报文同步之后进行传输。该机制确保远处读写器发送的高能量请求信号不会把标签发送的低能量应答信号湮灭。

　　• 标签

RuBee 标签是 RuBee 系统的载体。它能够响应来自读写器的请求信号,并回复 Response(应答)报文给读写器。不同于 RFID 标签,RuBee 标签包括一个 4 位的 CPU 用来控制和处理信号;1～5 KB 的 SRAM 用来存储数据,例如产品信息、密钥信息、地址信息;锂电池用来提供标签所需的电能;晶振用以提供时钟频率。在 Response 报文中包括用于同步的起始字段、含有内容的数据字段,以及对报文进行检错或纠错的帧校验序列字段。由于 RuBee 标签是自供电的,在确保可靠传输的同时需尽可能降低电能消耗。所以,要求 Response 报文长度要短,而且需要标签状态自动调节以达到省电的目的。标签被设定为两种工作状态:Sleep(休眠)和 Listen(侦听)。当标签处于 Sleep 状态时,在固定周期间隔内检测是否有有效的载波(131 kHz 载波);如果检测到有效的载波,则进入 Listen 状态;当标签处于 Listen 状态时,标签时刻准备接受命令和回复命令;若一定时间间隔内,没有检测到有效的载波,则标签重新进入 Sleep 状态。

- 数据管理系统

数据管理系统主要完成数据信息的存储、管理以及对标签进行读写控制。

RuBee 可在多个领域得到应用。利用 RuBee 能够对智能货架上的药品、手术器具进行跟踪;对枪支、武器进行出入库的管理;传感器和 RuBee 的结合使用可获取物品的物理量信息,例如温度或压力。RuBee 不仅能够用于物品的识别,也能够实现物品的定位,例如把它应用于海底,可对海底光缆进行探测与定位。RuBee 旨在构建一个可视化的网络,确保实时地监控贵重物品的状态信息。实际应用过程中,RuBee 读写器的天线最大尺寸为 30 m×30 m,这是因为过大尺寸的天线会受到噪声的影响。此外,RuBee 有多种类型的天线和标签,以适用于不同的环境及物品。以一个常用读写器而言,它的天线尺寸是30 cm×50 cm。而在这种情况下,它和标签之间的通信距离仅有 8 m。如何提高 RuBee系统的传输距离具有很重要的意义。此外,对于多读写器、多标签的情况,采取怎样的机制或者算法来使它们同步,从而避免相互之间的冲突也是亟待解决的问题。与 RFID 相比,RuBee 采用长波磁信号进行通信,这使得 RuBee 不会受到水和金属的影响。同时它的高保密性、安全性、耐久性、探测的全空间性使得 RuBee 能够在更多的环境中使用。RuBee 将会在物品识别技术中更具有竞争力,为企业带来更高的成本效益。

③ 6LowPAN

IEEE 802.15.4 特别适合应用于嵌入式系统、微处理器等领域。而工业领域希望建立一种可以连接到每个电子设备的无线网,这样就会有相当数量的节点要接入互联网,这就需要大量的 IP 地址,IPv4 越来越不能满足其应用的要求,因此人们寄希望于 IPv6。6LowPAN 技术底层采用 IEEE 802.15.4 规定的 PHY 层和 MAC 层,网络层采用了 IPv6协议。而 6LowPAN 技术特别适合应用于嵌入式 IPv6 这一领域,它使大量电子产品不仅可以在彼此之间组网,还可以通过 IPv6 协议接入下一代互联网。

由于在 IPv6 中,MAC 支持的载荷长度远远大于 6LowPAN 的底层所能提供的载荷长度,为了实现 MAC 层与网络层的无缝链接,6LowPAN 工作组建议在网络层和 MAC层之间增加一个网络适配层,用来完成包头压缩、分片与重组以及网状路由转发等工作。6LowPAN 的技术优势如下。

- 普及性:IP 网络应用广泛,作为下一代互联网核心技术的 IPv6,也在加速其普及的步伐,在 LR-WPAN 网络中使用 IPv6 更易于被接受。

- 适用性:IP 网络协议栈架构受到广泛的认可,LR-WPAN 网络完全可以基于此架构进行简单、有效地开发。
- 更多地址空间:IPv6 应用于 LR-WPAN 最大亮点就是庞大的地址空间,这恰恰满足了部署大规模、高密度 LR-WPAN 网络设备的需要。
- 支持无状态自动地址配置:IPv6 中当节点启动时,可以自动读取 MAC 地址,并根据相关规则配置好所需的 IPv6 地址。这个特性对传感器网络来说,非常具有吸引力,因为在大多数情况下,不可能对传感器节点配置用户界面,节点必须具备自动配置功能。
- 易接入:LR-WPAN 使用 IPv6 技术,更易于接入其他基于 IP 技术的网络及下一代互联网,使其可以充分利用 IP 网络的技术进行发展。
- 易开发:目前基于 IPv6 的许多技术已比较成熟,并被广泛接受,针对 LR-WPAN 的特性需进行适当的精简和取舍,简化协议开发的过程。由此可见,IPv6 技术在 LR-WPAN 网络上的应用具有广阔发展的空间,而将 LR-WPAN 接入互联网将大大扩展其应用,使得大规模传感控制网络的实现成为可能。

随着嵌入式系统和下一代互联网的广泛使用,必将有越来越多的电子产品组网甚至接入互联网,6LowPAN 必将在工业、办公以及家庭自动化、智能家居、环境监测等多个领域得到广泛的应用。在工业领域,将 6LowPAN 网络与传感器结合,使得数据的自动采集、分析和处理变得更加容易,可以作为决策辅助系统的重要组成部分。例如,危险化学成分的检测、火警的早期预报、高速旋转机器的检测和维护,这些应用所需数据量小,功耗低,可以最大程度地延长电池寿命,减少网络的维护成本。在办公自动化领域,可以借助 6LowPAN 传感器进行照明控制,当有人来的时候才将照明开关打开。同时还可以通过网络进行集中控制,或者通过接入互联网进行远程控制和管理。在家庭自动化领域,即目前发展比较迅速的信息家电技术,也在很大程度上依赖于 6LowPAN 技术,同时 6LowPAN 节点可用于安全系统、温控装置和家电上网等方面。在智能家居中,可将 6LowPAN 节点嵌入到家具和家电中。通过无线网络与因特网互联,实现智能家居环境的管理。

(3)工业现场总线

工业现场总线是当今自动化领域技术发展的热点之一,被誉为自动化领域的计算机局域网。它的出现为分布式控制系统实现各节点之间实时、可靠的数据通信提供了强有力的技术支持。IEC61158 标准定义,现场总线是指安装在制造或过程区域的现场装置与控制室内的自动控制装置之间数字式、串行、多点通信的数据总线。总线上的数据输入设备包括按钮、传感器、接触器、变送器、阀门等,传输其位置状态、参数值等数据;总线上的输出数据用于驱动信号灯、接触器、开关、阀门等。

① CAN(Control Area Network,ISO11898)总线

CAN 是一种有效支持分布式控制或实时控制的串行通信网络。由德国 Bosch 公司推出,最早用于汽车内部监测部件与控制部件的数据通信网络。现在已经逐步应用到其他控制领域。CAN 协议采用了 OSI 底层的物理层、数据链路层和高层的应用层,信号传

输介质为双绞线。最高通信速率为 1 Mbit/s(通信距离 40 m),最远通信距离可达 10 km(通信速率为 5 kbit/s),节点总数可达 110 个。

CAN 的信号传输采用短帧结构,每一帧的有效字节数为 8 个,因而传输的时间短,受干扰的概率低,每帧信息均采用循环冗余校验 CRC,通信误码率极低。CAN 节点在错误严重的情况下,具有自动关闭总线的功能,这时故障节点与总线脱离,使其他节点的通信不受影响。CAN 控制器工作于多主方式,网络中的各节点都可根据总线访问优先权(取决于报文标识符)采用无损结构的逐位仲裁的方式竞争向总线发送数据,且 CAN 协议废除了站地址编码,而代之以对通信数据进行编码,这可使不同的节点同时接收到相同的数据,这些特点使得 CAN 总线构成的网络各节点之间的数据通信实时性强,并且容易构成冗余结构,提高系统的可靠性和系统的灵活性。而利用 RS-485 只能构成主从式结构系统,通信方式也只能以主站轮询的方式进行,系统的实时性、可靠性较差。

② LonWorks 总线

LonWorks 是美国 Echelon 公司推出的现场总线技术,采用了 ISO/OSI 模型中完整的七层通信协议,其最高通信速率为 1.25 Mbit/s(通信距离不超过 130 m),最远通信距离为 27 km(通信速率为 78 kbit/s),节点总数可达 32 000 个。网络的传输介质可以是双绞线、同轴电缆、光纤、射频、红外线、电力线等。该总线可为智能控制系统提供一套完整的解决方案,其核心技术是 LonTalk 协议和神经元芯片。其中,神经元芯片都内嵌有 LonTalk 协议的固件,同时神经元芯片还具有通信和控制功能,可提供 34 种常见的 I/O 控制对象。LonWorks 网络采用分布式结构,实现网络上节点相互通信。LonWorks 作为一种开放、互操作、全数字的现场总线技术,以实时性好、灵活性好、可靠性高等特点,赢得了相关领域的生产商、研究机构和用户的青睐,得到了极为广泛的应用。LonWorks 产品中的的电力线收发器不需要另外布线,可使各种设备组成智能网络进行数据测控与通信,而且组网、维护十分方便。

③ PROFIBUS 总线

PROFIBUS 是德国国家标准 DIN 19245 和欧洲标准 EN 50170 所规定的现场总线标准。PROFIBUS 由三个兼容部分组成,即 PROFIBUS-DP、PROFIBUS-PA 和 PROFIBUS-FMS。最高通信速率为 12 Mbit/s(通信距离不超过 100 m),最大通信距离为 1 200 m(通信速率为 9.6 kbit/s)。如果采用中继器可延长至 10 km,其传输介质可以是双绞线或光缆。每个网络可挂 32 个节点,如带中继器,最多可挂 127 个节点。PROFIBUS 采用定长或可变长帧结构,定长帧一般为 8 字节,可变长帧每帧的有效字节数为 1~244 个。

2. 网络传输层

(1) 串行接口

串行接口(Serial Port)又称"串口",主要用于串行式逐位数据传输。常见的有一般计算机应用的 RS-232(使用 25 针或 9 针连接器)和工业计算机应用的半双工 RS-485 与全双工 RS-422。串行接口按电气标准及协议来分,包括 RS-232-C、RS-422、RS485、USB 等。RS-232-C、RS-422 与 RS-485 标准只对接口的电气特性做出规定,不涉及接插件、电缆或协议。USB 是近几年发展起来的新型接口标准,主要应用于高速数据传输领域。目前在工业控制领域,单片机系统主要通过 RS232、RS485 协议通信,它们无法直接与互联网连接,因此该系统处于与互联网隔绝的状态。这些系统广泛采用低成本 8 位单片机,而这种单片机一般只具有 RS232 异步串行通信接口,要接入到互联网必须进行通信接口改造,这种改造不仅是接口的物理改造,更关键是数据格式的改造和通信协议的转换。

① RS-232-C

RS-232-C 也称标准串口,是目前最常用的一种串行通信接口。它是在 1970 年由美国电子工业协会(EIA)联合贝尔系统、调制解调器厂家及计算机终端生产厂家共同制定的用于串行通信的标准。它的全名是"数据终端设备(DTE)和数据通信设备(DCE)之间串行二进制数据交换接口技术标准"。传统的 RS-232-C 接口标准有 22 根线,采用标准 25 芯 D 型插头座。自 IBM PC/AT 开始使用简化了的 9 芯 D 型插座。至今 25 芯插头座现代应用中已经很少采用。计算机一般有两个串行口:COM1 和 COM2。9 针 D 形接口通常在计算机后面能看到。现在有很多手机数据线或者物流接收器都采用 COM 口与计算机相连。RS-232-C 标准规定的数据传输速率为 50、75、100、150、300、600、1 200、2 400、4 800、9 600、19 200、38 400 波特。

② RS-422

为改进 RS-232 通信距离短、速率低的缺点,RS-422 定义了一种平衡通信接口,将传输速率提高到 10 Mbit/s,传输距离延长到 4 000 英尺(速率低于 100 kbit/s 时),并允许在一条平衡总线上连接最多 10 个接收器。RS-422 是一种单机发送、多机接收的单向、平衡传输规范,被命名为 TIA/EIA-422-A 标准。

③ RS-485

智能仪表是随着 20 世纪 80 年代初单片机技术的成熟而发展起来的,现在世界仪表市场基本被智能仪表所垄断。究其原因就是企业信息化的需要,企业在仪表选型时其中的一个必要条件就是要具有联网通信接口。最初是数据模拟信号输出简单过程量,后来仪表接口是 RS-232 接口,这种接口可以实现点对点的通信方式,但这种方式不能实现联网功能。随后出现的 RS-485 解决了这个问题。下面我们就简单介绍一下 RS-485。为扩展应用范围,EIA 又于 1983 年在 RS-422 基础上制定了 RS-485 标准,增加了多点、双向通信能力,即允许多个发送器连接到同一条总线上,同时增加了发送器的驱动能力和冲突保护特性,扩展了总线共模范围,后命名为 TIA/EIA-485-A 标准。

(2)互联网传输

远距离传输在物理空间上对传输技术提出了挑战。有线传输离不开线形的传输介质,而线形传输介质根据其特性的不同,具有不同的成本、带宽与可靠性等特征。由于远距离有线传输线路铺设的成本高,对于带宽和可靠性要求也十分严格,故在物联网中远距离有线传输一般依赖现有的互联网有线传输线路。

① ADSL

ADSL,全名 Asymmetric Digital Subscriber Line。中译非对称数字用户线路,或作非对称数字用户环路(Asymmetric Digital Subscriber Loop)。ADSL 因为上行(从用户到电信服务提供商方向,如上传动作)和下行(从电信服务提供商到用户的方向,如下载动作)带宽不对称(即上行和下行的速率不相同)因此称为非对称数字用户线路。它采用频分复用技术把普通的电话线分成了电话、上行和下行三个相对独立的信道,从而避免了相互之间的干扰。通常 ADSL 在不影响正常电话通信的情况下可以提供最高 3.5 Mbit/s 的上行速度和最高 24 Mbit/s 的下行速度。

ADSL 作为近年来广泛采用的互联网接入方式,普及程度很高。在国内,由于互联网服务提供商往往自有电话网络(如中国联通、中国电信等早期以运营电话网为主的通信公司),其用户的 ADSL 接入可在既有的电话网络上实现。这种复用电话线路的方式大大降低了额外的线路铺设的成本,使得大多数普通用户拥有快速、低成本的接入互联网的能力。

(3)电力线通信

电力线通信全称是电力线载波(Power Line Carrier,PLC)通信,是指利用高压电力线(在电力载波领域通常指 35 kV 及以上电压等级)、中压电力线(指 10 kV 电压等级)或低压配电线(380/220 V 用户线)作为信息传输媒介进行语音或数据传输的一种特殊通信方式。高压电力线载波技术已经突破了仅限于单片机应用的限制,已经进入了数字化时代。并且随着电力线载波技术的不断发展和社会的需要,中/低压电力载波通信的技术开发及应用亦出现了方兴未艾的局面。

电力线通信通常采用的调试方式为 OFDM,即正交频分复用。OFDM 是在严重电磁干扰的通信环境下保证数据稳定完整传输的技术措施,HpmePLUG 1.0 的规范覆盖 4~21 MHz 的通信频段,在这个频段内划分了 84 个 OFDM 通信信道。OFDM 的原理是几个通信信道按 90 度的相位作频分,这样的结果是当某一个信道波形过零点时相邻信道的波形恰好是幅值最大值,这样就保证了信道间的波形不会因外来的干扰而交叠、串扰。该技术最大的优势是不需要重新布线,在现有电线上实现数据语音和视频等多业务的承载,实现四网合一,终端用户只需要插上电源插头,就可以实现因特网接入电视频道接收节目,打电话或者是可视电话。该技术适合没有专门铺设 ISP 线路的场所使用。

(4)数字电视网络

数字电视,是播出、传输、接收等环节中全面采用数字信号的电视系统,与模拟电视相对。数字电视系统可以传送多种业务,如高清晰度电视、标准清晰度电视、智能型电视及数字业务等。

通过数字电视网络,物联网中的节点可以实现数据的传输。电缆调制解调器又名线缆调制解调器,英文名称 Cable Modem,简称 CM。它是近几年随着网络应用的扩大而发展起来的,主要用于有线电视网进行数据传输。

Cable Modem 与以往的 Modem 在原理上都是将数据进行调制后在 Cable(电缆)的一个频率范围内传输,接收时进行解调,传输机理与普通 Modem 相同,不同之处在于它是通过有线电视 CATV 的某个传输频带进行调制解调的。而普通 Modem 的传输介质在用户与交换机之间是独立的,即用户独享通信介质。Cable Modem 属于共享介质系统,其他空闲频段仍然可用于有线电视信号的传输。

通过有线电视网络,物联网节点间可以实现相互通信。有线电视本身又可以作为一个物联网终端节点,接入到物联网当中并参与实现相应的业务功能。

(5)3G 网络

3G 是英文 The 3rd Generation 的缩写,指第三代移动通信技术。相对第一代模拟制式手机(1G)和第二代 GSM、CDMA 等数字手机(2G),第三代手机(3G)一般地讲,是指将无线通信与国际互联网等多媒体通信结合的新一代移动通信系统。3G 与 2G 的主要区别是在传输声音和数据的速度上的提升,它能够在全球范围内更好地实现无线漫游,并处理图像、音乐、视频流等多种媒体形式,提供包括网页浏览、电话会议、电子商务等多种信息服务,同时也要考虑与已有第二代系统的良好兼容性。为了提供这种服务,无线网络必须能够支持不同的数据传输速度,也就是说在室内、室外和行车的环境中能够分别支持至少 2 Mbit/s(兆比特每秒)、384 kbit/s(千比特每秒)以及 144 kbit/s 的传输速度(此数值根据网络环境会发生变化)。

(6) GPRS 网络

这是一种基于 GSM 系统的无线分组交换技术,提供端到端的、广域的无线 IP 连接。通俗地讲,GPRS 是一项高速数据处理的科技,方法是以"分组"的形式传送资料到用户手上。虽然 GPRS 是作为现有 GSM 网络向第三代移动通信演变的过渡技术,但是它在许多方面都具有显著的优势。

(7) Wi-Fi 网络

Wi-Fi(Wireless Fidelity,无线高保真)是一种无线通信协议(IEEE 802.11b),Wi-Fi 的传输速率最高可达 11 Mbit/s,虽然在数据安全性方面比蓝牙技术要差一些,但在无线电波的覆盖范围方面却略胜一筹,可达 100 m。Wi-Fi 是以太网的一种无线扩展,理论上只要用户位于一个接入点四周的一定区域内,就能以最高约 11 Mbit/s 的速率接入互联网。实际上,如果有多个用户同时通过一个点接入,带宽将被多个用户分享,Wi-Fi 的连接速度会降低到只有几百 kbit/s。另外,Wi-Fi 的信号一般不受墙壁阻隔的影响,但在建筑物内的有效传输距离要小于户外。

3. 应用层

(1) OPC 中间件

OPC(OLE for Process Control,用于过程控制的 OLE)是一个面向开放工控系统的工业标准。管理这个标准的国际组织是 OPC 基金会,它由一些世界上占领先地位的自动化系统、仪器仪表及过程控制系统公司与微软紧密合作而建立,面向工业信息化融合方面的研究,目标是促使自动化/控制应用、现场系统/设备和商业/办公室应用之间具有更强大的互操作能力。OPC 基于微软的 OLE(Active X)、COM(构件对象模型)和 DCOM(分布式构件对象模型)技术,包括一整套接口、属性和方法的标准集,用于过程控制和制造业自动化系统,现已成为工业界系统互联的默认方案。

OPC 诞生以前,硬件的驱动器和与其连接的应用程序之间的接口并没有统一的标准。例如,在工厂自动化领域,连接 PLC(Programmable Logic Controller)等控制设备和 SCADA/HMI 软件,需要不同的网络系统构成。根据某调查结果,在控制系统软件开发的所需费用中,各种各样机器的应用程序设计占费用的 7 成,而开发机器设备间的连接接口则占了 3 成。此外,过程自动化领域,当希望把分布式控制系统(DCS, Distributed Control System)中所有的过程数据传送到生产管理系统时,必须按照各个供应厂商的各个机种开发特定的接口,必须花费大量时间去开发分别对应不同设备互联互通的设备接口。OPC 的诞生,为不同供应厂商的设备和应用程序之间的软件接口提供了标准化,使其之间的数据交换更加简单化的日的而提出的。作为结果，可以向用户提供不依靠于特定开发语言和开发环境的可以自由组合使用的过程控制软件组件产品。OPC是连接数据源（OPC服务器）和数据使用者（OPC应用程序）之间的软件接口标准。数据源可以是PLC、DCS、条形码读取器等控制设备。随控制系统构成的不同，作为数据源的OPC服务器即可以是和OPC应用程序在同一台计算机上运行的本地OPC服务器，也可以是在另外的计算机上运行的远程OPC服务器。图2-2是OPC Client/Server运行关系示意图。

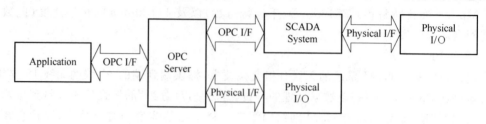

图 2-2　OPC Client/Server 运行关系示意图

OPC接口是适用于很多系统的具有高厚度柔软性的接口标准，如图2-3所示，OPC接口既可以适用于通过网络把最下层的控制设备的原始数据提供给作为数据的使用者（OPC应用程序）的HMI（硬件监控接口）/SCADA、批处理等自动化程序，以至更上层的历史数据库等应用程序，也可以适用于应用程序和物理设备的直接连接。OPC统一架构（OPC Unified Architecture）是OPC基金会最新发布的数据通信统一方法，它克服了OPC之前不够灵活、平台局限等的问题，涵盖了OPC实时数据访问规范（OPC DA）、OPC历史数据访问规范（OPC HDA）、OPC报警事件访问规范（OPC A&E）和OPC安全协议（OPC Security）的不同方面，以使得数据采集、信息模型化以及工厂底层与企业层面之间的通信更加安全、可靠。

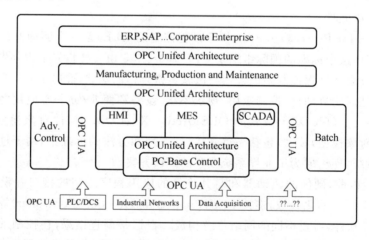

图 2-3　OPC 开放分层式统一架构

（2）WSN 中间件

无线传感器网络不同于传统网络，具有自己独特的特征，如有限的能量、通信带宽、处理和存储能力、动态变化的拓扑、节点异构等。在这种动态、复杂的分布式环境上构建应用程序并非易事。相比 RFID 和 OPC 中间件产品的成熟度和业界广泛应用程度,WSN 中间件还处于初级研究阶段,所需解决的问题也更为复杂。WSN 中间件主要用于支持基于无线传感器应用的开发、维护、部署和执行,其中包括复杂高级感知任务的描述机制、传感器网络通信机制、传感器节点之间协调以在各传感器节点上分配和调度该任务、对合并的传感器感知数据进行数据融合以得到高级结果、并将所得结果向任务指派者进行汇报等机制。针对上述目标,目前的 WSN 中间件研究提出了诸如分布式数据库、虚拟共享元组空间、事件驱动、服务发现与调用、移动代理等诸多不同的设计方法。

① 分布式数据库

基于分布式数据库设计的 WSN 中间件把整个 WSN 网络看成一个分布式数据库,用户使用类 SQL 的查询命令以获取所需的数据。查询通过网络分发到各个节点,节点判定感知数据是否满足查询条件,决定数据的发送与否。典型实现如 Cougar、TinyDB、SINA 等。分布式数据库方法把整个网络抽象为一个虚拟实体,屏蔽了系统分布式问题,使开发人员摆脱了对底层问题的关注和烦琐的单节点开发。然而,建立和维护一个全局节点和网络抽象需要整个网络信息,这也限制了此类系统的扩展。

② 虚拟共享元组空间

所谓虚拟共享元组空间就是分布式应用利用一个共享存储模型,通过对元组的读、写和移动以实现协同。在虚拟共享元组空间中,数据被表示为称为元组的基本数据结构,所有的数据操作与查询看上去像是本地查询和操作一样。虚拟共享元组空间通信范式在时空上都是去耦的,不需要节点的位置或标志信息,非常适合具有移动特性的 WSN,并具有很好的扩展性。但它的实现对系统资源要求也相对较高,与分布式数据库类似,考虑到资源和移动性等的约束,把传感器网络中所有连接的传感器节点映射为一个分布式共享元组空间并非易事。典型实现包括 TinyLime、Agilla 等。

③ 事件驱动

基于事件驱动的 WSN 中间件支持应用程序指定感兴趣的某种特定的状态变化。当传感器节点检测到相应事件的发生就立即向相应程序发送通知。应用程序也可指定一个复合事件,只有发生的事件匹配了此复合事件模式才通知应用程序。这种基于事件通知的通信模式,通常采用 Pub/Sub 机制,可提供异步的、多对多的通信模型,非常适合大规模的 WSN 应用,典型实现包括 DSWare、Mires、Impala 等。尽管基于事件的范式具有许多优点,然而在约束环境下的事件检测及复合事件检测对于 WSN 仍面临许多挑战,事件检测的时效性、可靠性及移动性支持等仍值得进一步的研究。

④ 服务发现

基于服务发现机制的 WSN 中间件,可使得上层应用通过使用服务发现协议,来定位可满足物联网应用数据需求的传感器节点。例如,MiLAN 中间件可由应用根据自身的传感器数据类型需求,设定传感器数据类型、状态、QoS 以及数据子集等信息描述,通过服务发现中间件以在传感器网络中的任意传感器节点上进行匹配,寻找满足上层应用的传感器数据。MiLAN 甚至可为上层应用提供虚拟传感器功能,例如通过对 2 个或多个传感器数据进行融合,以提高传感器数据质量等。由于 MiLAN 采用传统的 SDP、SLP 等服务发现协议,这对资源受限的 WSN 网络类型来说具有一定的局限性。

⑤ 移动代理

移动代理(或移动代码)可以被动态注入并运行在传感器网络中。这些可移动代码可以收集本地的传感器数据,然后自动迁移或将自身复制到其他传感器节点上运行,并能够与其他远程移动代理(包括自身复制)进行通信。Sensor Ware 是此类型中间件的典型,基于 TCL 动态过程调用脚本语言实现。

除上述提到的 WSN 中间件类型外,还有许多针对 WSN 特点而设计的其他方法。另外,在无线传感器网络环境中,WSN 中间件和传感器节点硬件平台(如 ARM、Atmel 等)、适用操作系统(TinyOS、UcLinux、Contiki OS、Mantis OS、SOS、MagnetOS、SenOS、PEEROS、AmbitentRT、Bertha 等)、无线网络协议栈(包括链路、路由、转发、节能)、节点资源管理(时间同步、定位、电源消耗)等功能联系紧密。

(3)RFID 中间件

RFID 中间件作为连接 RFID 读写设备和上层应用系统的纽带和桥梁,它向上层的应用系统所提供一个应用程序接口,使得应用程序可以和 RFID 读写设备进行连接,从而控制读写设备对 RFID 标签中的信息数据进行获取。当 RFID 读写器的数量或类型发生变化,或者后台的数据库服务器和应用软件系统发生变化时,应用系统层也不用进行变更,这样的系统结构将对后期的运行和维护提供极大的便利,减少了工作复杂度。总的来说,RFID 中间件的系统结构主要包括三部分,分别是设备层、数据处理层和信息发布层。RFID 中间件的体系结构如图 2-4 所示。

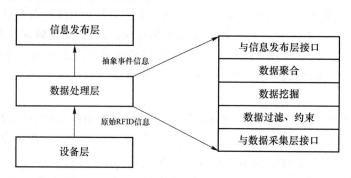

图 2-4　RFID 中间件体系结构

从 RFID 中间件体系结构图中可以看出,在中间件体系结构中处于最下面一层的是设备层,这一层主要就是指所使用的 RFID 读写器和电子标签等硬件设备。位于中间件体系结构第二层的是数据处理层,这一层的作用就是当读写器从电子标签处获取数据信息后,将会把数据信息传输给数据处理层进行数据的处理。处于体系结构最上层的是信息发布层,主要是接收经过数据处理层处理后的信息数据,并根据应用系统的请求将信息数据进行发布和传输。除此之外可以看到,在数据处理层中还存在着很多子系统功能模块,主要实现的是对数据的不同处理方式。

① 设备层

设备层又可以叫做数据采集层,主要作用就是通过使用 RFID 读写器对电子标签进行数据采集,设备层是这个体系结构中的底层部分,但是却是整个体系数据来源的重要保障。设备层主要负责和 RFID 中间件相关的所有 RFID 硬件设备的管理,需要为不同 RFID 读写器的工作进程提供保障,并为上层系统提供最可靠的数据信息。

② 数据处理层

数据处理层处于 RFID 中间件体系结构的中间位置,它的作用在整个体系结构中至关重要。在数据处理层中主要以各种算法对设备层中采集来的初始数据进行分析和处理,并将数据进行必要的压缩;接下来把处理好的数据按照信息发布层的请求进行发送。在数据处理层中主要包括以下几部分。

数据过滤:在设备层中 RFID 读写器将会按照工作要求对符合要求的电子标签都进行扫描和读取,因而不可避免的会有电子标签被重复读取的情况发生,这时候就需要通过数据过滤模块对数据进行筛选,从中删除那些重复的数据信息,以保证数据的真实可靠,并且合适的数据量也是提高信息发布层工作效率的重要保障。

数据挖掘:当信息发布层向数据处理层请求一段需要满足某种条件的数据时,数据处理层需要在海量的数据之中找到该条数据并将它返回给信息发布层,在这时候就需要用到数据挖掘功能,数据挖掘主要是以某些约束和数据属性为依据,使用相关的算法和挖掘语言从大量的信息中提取出满足条件的数据信息的一个过程。

数据聚合:前面所述的数据挖掘是数据聚合的一个基础事件,数据聚合就是通过数据挖掘后生成的大量符合条件的数据信息通过一定关系的整合,然后传输至信息发布层的过程。通过数据聚合后的数据信息更易于被中间件上层的应用系统所使用和识别。

事件响应:当数据聚合后,将被传输至信息发布层,并最后被位于 RFID 中间件上层的应用系统所使用,达到操作人员预先设定的目的,从而得到反应的一个过程和状态。

数据储存:当设备层的 RFID 读写器将大量的电子标签数据捕获并传输给数据处理层后,相关的数据处理模块将会对数据进行处理操作,然后将数据传输至信息发布层并通过相关网络传输传送至数据库服务器中。当有大量的数据被读取和请求时,将可能造成对数据服务器的超负荷超传输,导致信息数据的处理效率低下。数据储存功能就是将经过处理后的数据写入数据库服务器前,先将数据保存至单片机中,这样一来在大数据量的情况下将会大大提高整个数据处理的工作效率。

③ 信息发布层

数据经过设备层的读取,数据处理层的处理,最后将会被传送至信息发布层中。由于在不同的应用领域中,处于 RFID 中间件上层的应用系统的数据需求是不一样的。例如,在航空领域,从中间件处获得的数据信息主要是用来作为防入侵的权限识别,但是在图书馆中则是作为不同书籍的信息管理。虽然在不同的领域中这些数据信息的用途和目的不一样,但是这些数据信息对不同的行业领域却都有一些同性的地方,而这些共性的需求就是组成信息发布层的主要元素。

(4) OSGi 中间件

OSGi(Open Services Gateway Initiative)是一个 1999 年成立的开放标准联盟,旨在建立一个开放的服务规范。一方面,为通过网络向设备提供服务建立开放的标准;另一方面,为各种嵌入式设备提供通用的软件运行平台,以屏蔽设备操作系统与硬件的区别。OSGi 规范基于 Java 技术,可为设备的网络服务定义一个标准的、面向组件的计算环境,并提供已开发的像 HTTP 服务器、配置、日志、安全、用户管理、XML 等很多公共功能标准组件。OSGi 组件可以在无须网络设备重启下被设备动态加载或移除,以满足不同应用的不同需求。

OSGi 规范的核心组件是 OSGi 框架,该框架为应用组件(Bundle)提供了一个标准运行环境,包括允许不同的应用组件共享同一个 Java 虚拟机,管理应用组件的生命期(动态加载、卸载、更新、启动、停止等)、Java 安装包、安全、应用间依赖关系、服务注册与动态协作机制、事件通知和策略管理的功能。

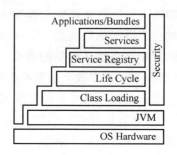

图 2-5　OSGi 框架及组件运行环境

基于 OSGi 的物联网中间件技术早已被广泛的应用到了手机和智能 M2M 终端上,在汽车业(汽车中的嵌入式系统)、工业自动化、智能楼宇、网格计算、云计算、各种机顶盒、Telematics 等领域都有广泛应用。有业界人士认为,OSGi 是"万能中间件"(Universal Middleware),可以毫不夸张地说,OSGi 中间件平台一定会在物联网产业发展过程中大有作为。

(5) CEP 中间件

复杂事件处理(Complex Event Progressing)技术是 20 世纪 90 年代中期由斯坦福大学的 David Luckham 教授所提出是一种新兴的基于事件流的技术,它将系统数据看作不同类型的事件,通过分析事件间的关系如成员关系、时间关系、因果关系、包含关系等,建立不同的事件关系序列库,即规则库,利用过滤、关联、聚合等技术,最终由简单事件产生高级事件或商业流程。不同的应用系统可以通过它得到不同的高级事件。

复杂事件处理技术可以实现从系统中获取大量信息,进行过滤组合,继而判断推理决策的过程。这些信息统称事件,复杂事件处理工具提供规则引擎和持续查询语言技术来处理这些事件。同时工具还支持从各种异构系统中获取这些事件的能力。获取的手段可以是从目标系统去取,也可以是已有系统把事件推送给复杂事件处理工具。

物联网应用的一大特点,就是对海量传感器数据或事件的实时处理。当为数众多的传感器节点产生出大量事件时,必定会让整个系统效能有所延迟。如何有效管理这些事件,以便能更有效地快速回应,已成为物联网应用亟须解决的重要议题。

由于面向服务的中间件架构无法满足物联网的海量数据及实时事件处理需求,物联网应用服务流程开始向以事件为基础的 EDA 架构(Event-Driven Architecture)演进。物联网应用采用事件驱动架构主要的目的,是使得物联网应用系统能针对海量传感器事件,在很短的时间内立即做出反应。事件驱动架构不仅可以依数据/事件发送端决定目的,更可以动态依据事件内容决定后续流程。

复杂事件处理代表一个新的开发理念和架构，具有很多特征。例如，分析计算是基于数据流而不是简单数据的方式进行的。它不是数据库技术层面的突破，而是整个方法论的突破。目前，复杂事件处理中间件主要面向金融、监控等领域，包括 IBM 流计算中间件 InfoSphere Streams、Sybase、Tibico 等的相关产品。

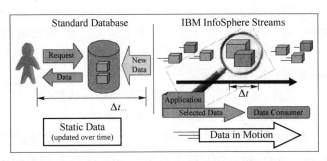

图 2-6　IBM 流计算中间件与标准数据库处理流程对比

（6）实时数据库

20 世纪 80 年代，随着国外众多针对实时领域和数据领域进行数据融合的研究群体的出现，实时数据库这个新兴研究领域开始浮出水面。到 20 世纪 90 年代，国外实时数据库开始大规模应用。随着应用的不断推广，国外实时数据库技术得到了不断的提高，出现了众多开发实时数据库系统的厂家，如美国 OSI 公司、美国 INSTEP 公司、GE-Fanuc 公司、美国 Wonderware 公司等，其实时数据库产品广泛应用在电力、钢铁、化工等众多领域。到 21 世纪初期，实时数据库市场发展也大致趋于平稳。实时数据库系统用于企业工厂数据的自动采集、存储和监视，可在线存储每个工艺过程点的多年数据，能够提供清晰、精确的操作情况画面，用户既可以浏览当前的生产状况，也可以回顾过去的生产情况。工业控制系统中，实时数据库的典型特征为：

① 强大和完善的历史数据管理能力；

② 具有开放的数据访问接口，支持 ODBC、SQL 等标准数据库交互语言和接口规范；

③ 获取和存储时间序列的实时数据，具备满足生产管理要求的实时性；

④ 与应用耦合关系少，适合在不同类型的实时系统间做数据集成；

⑤ 采用 C/S 或 B/S 结构，可以同时与多个数据源连接，支持大量的用户群。

实时数据库系统通常用来在两个不同厂商、不同类型的产品之间传送信息，用户可以很容易地进行管理，如改进工艺、质量管理、故障预防维护等。实时数据库系统在企业管理和实时生产之间起到了桥梁作用。

实时数据库系统与一般的数据库系统不同，其主要的特征是在规定的时间内完成尽量多的事务处理，而不是公平地分配系统资源，因此具有时间的约束性和事务的优先级处理。一般数据库的功能包括数据定义、数据存取、事务管理、并发控制、完整性检查等。实时数据库除了具备一般数据库的功能外，还具备下述功能：

① 提供了与数据源的接口，将读取的设备现场值送到开辟的内存缓冲区，如数据采集与回送、输入处理、输出处理；

② 在内存中对原始数据进行处理,如数据统计、数据累计、运算与控制等;

③ 当发生故障时,提供实时数据备份;

④ 新的数据产生后,老数据将作为历史数据存储;

⑤ 数据达到某种条件时,主动触发相应的事件机制;

⑥ 数据改变时,通过应用程序接口将数据及时反映到客户端,以便同步更新画面等。

实时数据库承担所有数据的处理,要为其他功能模块提供快速、正确的实时信息。因此,对于实时数据库来说,实时性是第一位的。考虑到这一点,实时数据库在系统运行过程中应占用空间小,并常驻内存,以保证快速读取和存储数据,便于各功能模块之间的数据共享。经过分析,确定存储策略如下:

① 对于实时性要求高,每个采样周期都要更新的动态数据,如 AI、AO、DI、DO 的值等,为保证响应速度,将其存放于内存中,即实时数据库中;

② 对于数据量大而需要长期保存的共享数据,如操作员的记录、历史数据等,为方便今后的浏览和生产效能分析,将数据存放于通用数据库,即外存数据库中,可以采用 SQL Server、Access、Oracle 等关系型数据库;

③ 对于需要长期保存的非共享数据,如采样值的数模转换系数、控制组态值等,这类数据可以认为是静态数据,其所服务的图形对象要求可以按时间翻页浏览,所以将数据存放于文件管理系统中,通过实时数据库、关系数据库和文件管理系统等多种存取方式和存储介质,保证了数据的共享性、独立性、安全性和完整性,节约了内存,既保证了系统的响应速度,又满足了用户需求多样化的应用。

4. 数据呈现

(1) 报表

随着信息技术的快速发展,企业信息化成为企业发展的重要路径。企业决策者在做决策时,越来越倾向于借助计算机来对企业的各种数据进行分析并从中获得启发。报表是企业进行数据整理、格式化和数据展现的一种有力手段。通过报表方式可以为用户提供形式化、具有统计结果、丰富直观的数据信息。报表有助于深入洞察企业运营状况,是企业发展的强大驱动力。报表的目的是通过组合表格、图形、文本等元素进行动态数据的展。计算机出现并进入人们的生活和工作,人们摒弃了用纸和笔人工记录数据的报表方式,开始寻求能够自动化展示数据的报表工具。报表工具使用户可以通过可视化界面进行报表模板制作,并通过计算机的解析和运算能力提取数据进行展示。

① 报表框架

报表工具编辑区域一般可以分为页眉区、标题区、主体区和页脚区,有些报表软件将标题区并入主体区。页眉通常用于设置企业 Logo 等标识性信息,页脚一般用于显示页码信息,标题区则以简短的语句概括该报表的主要内容,主体区以一定的格式显示报表的主要数据。与以往报表数据和格式混杂处理的方式不同的是,现在的报表工具将"报"和"表"的处理过程分离。"报"指报表中的数据部分,包括原始数据、统计运算结果;"表"则指报表中的格式,如表格、线条、颜色等[16]。分离的思路是将处理数据和处理报表格式两个功能模块独立开来,从而简化工具的开发过程,更使用户在制作报表时能够分别从数据角度和格式角度更明了地设计报表。

② 绘制方案

报表工具的绘制方案大致可以分为表格形式和控件拖曳式两种。表格形式采用类 Excel 界面用网格线直观地描绘纵横线,可以实现复杂的表格。表格形式报表工具的优点在于可以描绘样式复杂的报表,可以实现良好的 Excel 文件导入导出功能,提高报表制作效率。因此,为了迎合中国式复杂报表的制作需求,国内大多采用表格形式的绘制方案实现报表工具。相对而言国外报表格式简单统一,因此西方的报表工具主要采用控件拖曳式方案,即拖曳矩形框等可视化控件至编辑区域并通过设置控件属性等操作实现报表制作。控件拖曳式报表工具必须通过调整矩形位置使边框重合来实现表格线,在绘制包含多层行头列头的复杂交叉表格时显得非常烦琐。控件拖曳式报表工具的优点在于控件的独立性使得用户自由开发和集成更多控件成为可能,能根据不断变化的需求方便地引入新的控件,具有很强的可扩展性。

③ 数据流

最早的报表软件只支持单向数据流,即从数据源提取报表模板中关注的数据进行数学运算统计并以模板设置的格式呈现给用户。然而这种单向数据流动过程不能满足实际应用中将部分信息录入数据源进行持久存储的需求。因此,目前成熟的报表工具大多支持填报功能,通过在报表中输入数据并调用填报功能,系统将根据报表模板的定义分析数据的去向并写入或更新数据源数据,实现从报表到数据源之间的数据流动。双向数据流使得报表工具从单纯的展示数据转向为集展示和录入于一体的综合型数据处理工具。

④ 数据源

由于现在企业应用中很多数据不是存储在数据库中,因此在制作报表的时候可能需要从不同的数据源提取数据。大多数报表工具都支持多数据源,包括数据库、Web 数据、数据文件、用户自定义数据等。许多报表工具允许在同一张报表中定义来自不同类型数据源的数据信息,大大提高了数据提取的灵活性。

⑤ 报表定义

基于 XML 的报表定义和存储方式已经成为一种趋势,绝大多数的报表工具都是借助于 XML 文档进行数据组织和格式定义,即将报表的数据信息和格式信息存储于 XML 文件中并通过解析该文件获取数据输出报表。XML 的以下特征使它具备报表定义语言的条件:可扩展性,XML 具有强大的描述能力,允许用户自定义标签,应用于报表中可以自定义描述报表相关元素和属性的标签;平台无关性,不依赖于平台的文本实现方式,有利于跨越多个平台进行准确的内容声明,并获取有意义的搜索结果。XML 本身具有数据与结构分离的机制,因此基于 XML 定义报表使"报"与"表"的分离更容易实现,也有利于在一张报表中融入来自不同类型数据源的数据。基于 XML 的报表可以使用样式表 (XSL 或 CSS)在浏览器中显示数据实现 B/S 模式的报表系统。

⑥ 输出格式

一个完整的报表服务不但包括报表的制作过程,更包括报表的发布、管理、审批等一系列流程。因此,一个友好的报表工具应该具备导出不同格式报表文件的功能,以便用户发布报表到服务器上,服务器分发报表给用户等。目前报表工具支持的导出格式主要包括 pdf、excel、word、txt、csv、html 等。

（2）地理信息系统

地理信息系统(简称 GIS)，又称为"地学信息系统"或"资源与环境信息系统"。它是一种特定的十分重要的空间信息系统，是在计算机软、硬件系统支持下，对整个或部分地球表层(包括大气层)的有关地理分布数据进行采集、存储、管理、运算、分析、显示和描述的技术系统。地理信息系统处理、管理的对象是多种地理实体、地理现象数据及其空间关系数据，包括空间定位数据、图形数据、遥感图像数据、属性数据等，用于分析和处理在一定区域内分布的地理实体、现象及过程，解决复杂的规划、决策和管理问题。简言之，地理信息系统是对空间数据进行采集、编辑、存储、分析和输出的计算机信息系统。

21 世纪是信息时代，地理信息系统(GIS)作为传统地理科学和现代信息科学相结合的产物，目前已发展为集遥感、全球定位系统、互联网技术于一身的综合学科[2]。从 1963 年加拿大测量学家 R. F. Tomlinson 首先提出"地理信息系统"这一概念算起，距今已有接近 40 年的历史。经过这些年的发展，地理信息系统经历了从 GI System 到 GI Science 再到 GI Service 的发展，形成了理论研究、技术开发、工程应用与产业化管理的完善体系，在多个方向(包括时空数据结构与模型、空间决策支持、多源海量数据的集成管理、空间分析模型、地理信息多尺度表达与综合技术、地理信息可视化、地理信息智能化处理、网络地理信息系统技术等)获得了长足的发展。GIS 已在资源开发、环境保护、城市规划建设、土地管理、交通、能源、通信、林业、房地产开发、灾害监测与评估等应用领域得到了实际应用。

地理信息系统的核心是空间数据管理子系统，它由空间数据处理和空间数据分析构成。空间数据的主要来源有专题地图(等水位线图、地形地质图等)、遥感图像数据、统计数据及实测数据等。

地理信息系统具有七大功能：数据的提取、转换和编辑、数据的存储与管理、数据重构和数据转换、空间数据的查询和检索、空间操作和分析、空间显示和成果输出以及空间数据的更新。以下分别进行介绍。

① 数据的提取、转换和编辑

数据提取即数据采集，是在数据处理系统中将系统外部的原始数据传输给系统内部的过程，主要有图形数据输入(如管网图的输入)、栅格数据输入(如遥感图像的输入)、测量数据输入(如全球定位系统 GPS 数据的输入)和属性数据输入(如数字和文字的输入)。数据转换是将这些数据从外部格式转换为系统便于处理的内部格式的过程，它提供了一种与其他各种软件进行数据转换的接口，从而增强了 GIS 空间数据获取的能力。由于采集的各种空间数据不管是实地测量的、室内数字化和扫描的数据，还是空间数据或属性数据，都存在着不完善和错误，因此 GIS 提供有空间数据(点、线、面)的编辑功能。数据编辑主要包括图形编辑和属性编辑。属性编辑主要与数据库管理结合在一起完成，图形编辑主要包括拓扑关系建立、图形编辑、图形整饰、图幅拼接、图形变换、投影变换、误差校正等功能。

② 数据的存储与管理

GIS 的主要数据可由二维或三维的空间型地图而来，它包括 3 方面的内容，分别为空间位置、拓扑关系和属性。数据存储是将数据以某种格式记录在计算机内部和外部存储介质上。其存储方式与数据文件的组织密度相关，关键在于建立记录的逻辑顺序，即确定存储的地址,以变提高数据存取的速度。属性数据管理一般直接利用商用关系数据库软件,如 ORACLE、SQL Server、FoxBase、FoxPro 等进行管理。空间数据管理是 GIS 数据管理的核心,各种图形和图像信息都以严密的逻辑结构存放在空间数据库中。

③ 数据重构和数据转换

空间数据重构包括空间数据和属性数据结构的改变,多指矢量数据结构与栅格数据结构之间的转换。空间数据的转换包括比例尺的缩放、旋转平移和转换;属性数据的转换包括线性和非线性函数的转换。

④ 空间数据的查询和检索

GIS 提供了功能强大的查询和检索功能,即从空间位置检索空间物体,以及满足一定属性条件的空间对象。

⑤ 空间操作和分析

这一功能是 GIS 系统中最关键、最重要的功能,也是 GIS 有别于其他信息系统的本质特征,因为它的对象是空间数据,不仅包括几何数据,而且涉及属性数据。如果几何数据要进行操作,那么对应的属性数据也要进行相应的分析。

⑥ 空间显示和成果输出

空间显示包括图形的二维显示和三维显示,二维可由颜色不同以区分不同的值,三维可以用直观的起伏来表示大小。GIS 不仅可以输出全要素地图,还可以根据用户的需要,分层输出各种专题图、各种统计图、图表及数据等。

⑦ 空间数据的更新

由于空间实体都处于发展着的时间序列中,人们获取的数据只能反映某一瞬时或一定时间范围内的特征。随着时间的推进,数据会随之改变。数据更新可以满足动态分析的需要,对自然现象的发生和发展作出合乎规律的预测预报。

(3) 组态软件

组态英文是"Configuration",是用"应用软件"中提供的工具、方法,完成工程中某一具体任务的过程。组态软件指一些数据采集与过程控制的专用软件,是面向监控与数据采集(Supervisory Control and Date Acquisition,SCADA)的自动控制系统监控层一级的软件平台和开发环境,能以灵活多样的组态方式(而不是编程方式)提供良好的用户开发界面和简捷的使用方法,其预设置的各种软件模块可以非常容易地实现和完成监控层的各项功能,并能同时支持各种硬件厂家的计算机和 I/O 产品,与高可靠的工控计算机和网络系统结合,可向控制层和管理层提供软、硬件的全部接口,进行系统集成。

在"组态"概念出现之前,是通过编写程序(如使用 BASIC、C、FORTRAN 等)来实现某一任务的,编写程序不但工作量大,周期长,而且容易犯错误,不能保证工期。组态软件的出现,解决了这个问题。"组态"的概念是伴随集散型控制系统(Distributed Control System,DCS)的应用产生的,如 DCS 组态、PLC 梯形图组态。在其他行业也有组态的概念,如 AutoCAD、Photoshop、办公软件(Powerpoint)都存在相似的操作,即用软件提供的工具来形成自己的作品,并以数据文件保存作品,而不是执行程序。组态形成的数据只有其制造工具或其他专用工具才能识别。由于个人计算机的普及和技术的逐渐成熟,如何利用 PC 进行工业监控,成为工业控制领域的重要研究方向,市场的发展使很多 DSC 和

PLC 厂家主动公开通信协议,向"PC"监控完全开放,这不仅降低了监控成本,也使市场空间得以扩大,智能仪器、嵌入式系统和现场总线的出现,更使组态软件成为工业自动化系统中的灵魂。

组态软件的功能特点如下。

① 功能多样。组态软件提供工业标准数学模型库和控制功能库,组态模式灵活,能满足用户所需的测控要求。对测控信息的历史记录进行存储、显示、计算、分析、打印,界面操作灵活方便,具有双重安全体系,数据处理安全可靠。

② 丰富的画面显示组态功能。提供给用户丰富方便的常用编辑工具和作图工具,提供工业设备图符、仪表图符,还提供趋势图、历史曲线、组数据分析图等;提供十分友好的图形化用户界面,包括 Windows 风格的窗口、弹出菜单、按钮、消息区、工具栏、滚动条、监控画面等。画面丰富多彩,为设备的正常运行、操作人员的集中监控提供了极大的方便。

③ 通信功能和良好的开放性。组态软件向下可以通过 WinteligentLINK、OPC、OFS 等与数据采集硬件通信;向上通过 TCP/IP、Ethernet 与高层管理网互联。

④ 多任务的软件运行环境、数据库管理及资源共享。利用面向对象的技术和 ActiveX 动态连接库技术,丰富了控制系统的显示画面和编程环境,从而方便灵活地实现多任务操作。DDE(Dynamic Data Exchange)技术,与 Windows 应用程序间进行数据交换,实现本地控制单元与上位机之间数据和信息的共享,从而为用户提供更为集中的数据操作环境,实现信息集中管理,并向上层系统提供开放式数据库接口 ODBC。下面是几种组态软件的介绍。

① InTouch:Wonderware 的 InTouch 软件是最早进入我国的组态软件。在 20 世纪 80 年代末、90 年代初,基于 Windows3.1 的 InTouch 软件曾让我们耳目一新,并且 InTouch 提供了丰富的图库。但是,早期的 InTouch 软件采用 DDE 方式与驱动程序通信,性能较差,InTouch7.0 版已经完全基于 32 位的 Windows 平台,并且提供了 OPC 支持。

② Fix:Intellution 公司以 Fix 组态软件起家,1995 年被爱默生收购,现在是爱默生集团的全资子公司,Fix6.x 软件提供工控人员熟悉的概念和操作界面,并提供完备的驱动程序。Intellution 新的产品系列为 iFix,在 iFix 中,Intellution 提供了强大的组态功能,但新版本与以往的 6.x 版本并不完全兼容。原有的 Script 语言改为 VBA(Visual Basic for Application),并且在内部集成了微软的 VBA 开发环境。在 iFix 中,Intellution 的产品与 Microsoft 的操作系统、网络进行了紧密的集成。

③ WinCC:Simens 的 WinCC 也是一套完备的组态开发环境,Simens 提供类 C 语言的脚本,包括一个调试环境。WinCC 内嵌 OPC 支持,并可对分布式系统进行组态。但 WinCC 的结构较复杂,较难以掌握 WinCC 的应用。

④ 组态王:组态王是国内第一家较有影响的组态软件开发公司。组态王提供了资源管理器式的操作主界面,并且提供了以汉字作为关键字的脚本语言支持。组态王也提供多种硬件驱动程序。

⑤ ForceControl(力控):北京三维力控公司的 ForceControl(力控)也是国内较早就已经出现的组态软件之一。力控组态软件是在自动控制系统监控层一级的软件平台,它能同时和国内外各种工业控制厂家的设备进行网络通信,它可以与高可靠的工控计算机

和网络系统结合,便可以达到集中管理和监控的目的,同时还可以方便地向控制层和管理层提供软、硬件的全部接口,来实现与"第三方"的软、硬件系统进行集成。

其他常见的组态软件还有 GE 的 Cimplicity、Rockwell 的 Rsview、Ni 的 Olokout、Pc-soft 的 Wizcon 以及国内一些组态软件、通态软件公司的 Mcgs,也都各有特色。

第3章
工业监控物联网感知层

第一节　RFID 射频标签

1. RFID 简介

RFID 是一种从 20 世纪 90 年代兴起的非接触式自动识别技术,它通过射频信号自动识别目标对象并获取相关数据,识别过程无须人工干预,具有精度高、适应环境能力强、抗干扰强、操作快捷等许多优点。RFID 技术可识别高速运动物体并可同时识别多个标签,操作快捷方便。它与互联网、通信等技术相结合,可实现全球范围内物品跟踪与信息共享。现在,许多人已将 RFID 系统看作是一项实现普适计算环境的有效技术。

目前常用的自动识别技术中,条码和磁卡的成本较低,但是都容易磨损,且数据量很小;接触式 IC 卡的价格稍高些,数据存储量较大,安全性好,但是也容易磨损,寿命短;而射频卡实现了免接触操作,应用便利,无机械磨损,寿命长,无须可见光源,穿透性好,抗污染能力和耐久性强,而且,可以在恶劣环境下工作,对环境要求低,读取距离远,无须与目标接触就可以得到数据,支持写入数据,无须重新制作新的标签,可重复使用,并且使用了防冲撞技术,能够识别高速运动物体并可同时识别多个射频卡。

近年来,无线射频识别技术在国内外发展很快,RFID 产品种类很多,很多世界著名厂家都生产 RFID 产品,并且各有特点,自成系列。RFID 应用十分广泛,已被大量应用于工业自动化、商业自动化、交通运输控制管理等众多领域。例如,它可以用于汽车或火车等的交通监控系统、高速公路自动收费系统、物品管理、流水线生产自动化、门禁系统、电子护照系统、金融交易、仓储管理、数字图书馆管理、畜牧管理、车辆防盗、构建智能自组网络环境等。随着成本的下降和标准化的实施,RFID 技术的全面推广和普遍应用将是不可逆转的趋势。

2. RFID 技术的发展现状

RFID 技术在美国、欧洲、日本、韩国这些比较发达的国家和地区已经被广泛应用于工业自动化、智能交通、物流管理和零售业等领域。1996 年 1 月,韩国在汉城的 600 辆公共汽车上安装了用于电子月票的射频识别系统;德国汉莎航空公司则开始试用射频卡作为飞机票。2005 年讯宝、ABI、易腾迈等 10 多家技术企业组建了 RFID 专利联盟。2007年 2 月,日立公司推出了规格仅有 0.005 cm×0.005 cm 的 RFID 标签。日本丰田、美国福特、日本三菱汽车和韩国现代汽车的欧洲车型已将 RFID 技术用于汽车防盗系统。2007 年丹麦 RFID SEC 公司开发了无源 RFID 隐私增强技术用于跟踪。三星电子成功研制了手机 RFID 芯片。法国航空公司、DHL 和新加坡航空公司等多家大型运输企业开始试行 RFID 技术。IBM 目前已经在日本、美国和法国建立了三大 RFID 研发中心,除了做相关 RFID 的基础研发工作外,还向市场推销 RFID 中间件产品。

目前,我国的射频识别技术以低频和高频应用为主,主要用于第 2 代身份证和智能交通卡等项目。我国在超高频芯片的研发上比较薄弱,不过政府非常重视超高频标准的制定和芯片的研发。中国国家无线电管理局正式颁布实施无线电频率方面的规定,为RFID 技术在中国的发展提供了法律保障。国内企业如上海华虹、上海复旦微电子、上海贝岭、北京华大、大唐微电子、深圳毅能达等部门主要研究芯片设计与制造。中国电子科技集团第五十研究所等专业院所正在对不同频段的天线进行研究。上海华申智能、深圳远望谷等企业,已经开发出 900 MHz 电子标签超高频的读写器。上海交通大学和 AU-TO-ID 中国实验室正在与 SAP 合作进行电子标签中间件的开发。国内生产和研究RFID 产品的主要厂商集中于北京、上海、广东三地。目前,RFID 在中国大陆、香港、台湾的发展远远落后于美国及欧洲,国内企业的市场占有率尚不足 20%,还有很大的提升空间。

3. RFID 系统的组成

一般而言,最基本的 RFID 系统通常是由电子标签(Tag)、天线(Antenna)和阅读器(Reader)这三部分组成,其组成结构如图 3-1 所示。

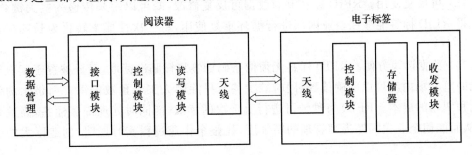

图 3-1 RFID 系统构成

电子标签(Tag):用来存储能够识别目标的相关信息,它通常由耦合元件和芯片两部分所构成。标签的存储区可以划分成两个区域,一个是 ID 区,每个标签都有一个全球唯一的 ID 号,即 UID,UID 无法修改也无法仿造。另一个是用户数据区域,用来供用户存储相关数据的,可以进行读写、覆盖、增加操作。目前,按其封装工艺主要可分为三种:粘贴式电子标签、注塑式电子标签、卡片式电子标签。

天线(Antenna):用于传递电子标签与阅读器之间的射频信号。同时,天线还必须满足以下几点要求：拥有足够小的尺寸；全向或半球覆盖的方向性；能够提供最大的能量给电子标签芯片；对于任何方向，天线的极化都能够匹配阅读器的询问信号；成本低。

阅读器（Reader）：是读取和写入标签信息的设备，可分为手持式阅读器和固定式阅读器两种。其对标签的操作可分为三类：识别读取 UID、读取用户数据和写入用户数据。阅读器的发展趋势是智能化、小型化和集成化。大多数的 RFID 系统还要包含数据传输和处理系统，用来对阅读器发出的命令和读取器读取的信息进行相关处理，以实现整个系统的控制和管理。

RFID 系统的工作原理如下。

阅读器将要发送的信号，经编码后加载在某一频率的载波信号上经天线向外发送，进入阅读器工作区域的电子标签接收此脉冲信号，卡内芯片中的有关电路对此信号进行调制、解码、解密，然后对命令请求、密码、权限等进行判断。若为读命令，控制逻辑电路则从存储器中读取有关信息，经加密、编码、调制后通过卡内天线再发送给阅读器，阅读器对接收到的信号进行解调、解码、解密后送至中央信息系统进行有关数据处理；若为修改信息的写命令，有关控制逻辑引起的内部电荷泵提升工作电压，提供擦写 EEPROM 中的内容进行改写，若经判断其对应的密码和权限不符，则返回出错信息。

在 RFID 系统中，阅读器必须在可阅读的距离范围内产生一个合适的能量场以激励电子标签。在当前有关的射频约束下，欧洲的大部分地区各向同性有效辐射功率限制在 500 mW，这样的辐射功率在 870 MHz，可近似达到 0.7 m。美国、加拿大以及其他一些国家，无须授权的辐射约束为各向同性辐射功率为 4 W，这样的功率将达到 2 m 的阅读距离，在获得授权的情况下，在美国发射 30 W 的功率将使阅读区增大到 5.5 m 左右。

RFID 具有如下技术特点。

（1）耐环境性。防水，防磁，耐高温，不受环境影响，无机械磨损，寿命长，不需要以目视可见为前提，可以在那些条码技术无法适应的恶劣环境下使用，如高粉尘污染、野外等。

（2）可反复使用。RFID 标签上的数据可反复修改，既可以用来传递一些关键数据，也使得 RFID 标签能够在企业内部进行循环重复使用，将一次性成本转化为长期摊销的成本。

（3）数据读写方便。RFID 标签无须像条码标签那样瞄准读取，只要被置于读取设备形成的电磁场内就可以准确读到，同时减少甚至排除因人工干预数据采集而带来的效率降低和纠错的成本。RFID 每秒钟可进行上千次的读取，能同时处理许多标签，高效且准确，从而能使企业大幅度提高管理的精细度，让整个作业过程实时透明，创造巨大的经济效益。

（4）安全性。RFID 芯片不易被伪造，在标签上可以对数据采取分级保密措施，读写器无直接对最终用户开放的物理接口，能更好地保证系统的安全。

4. RFID 系统的分类

根据不同的标准，RFID 系统有不同的分类方式，下面介绍几种常见的分类方式。

（1）根据电子标签的有源和无源

电子标签分为有源电子标签和无源电子标签，有源电子标签内含电池，由有源电子标签构成的系统即主动射频系统，电子标签主动发送某一频率的电磁波，由阅读器进行读取。有源电子标签的识别距离较远,可以达到几十米至上百米,多用于道路交通管理等。由于电池的寿命是有限的,因此有源电子标签的寿命也受到限制,其价格也较高。

无源电子标签则无内部电源,工作时依靠阅读器发来的电磁波获得能量,将标签中的信息发送出去。无源电子标签的识别距离较短,一般用于身份识别、门禁管理等,与有源电子标签相比,其寿命较长。

(2) 根据电子标签的存储器类型

电子标签中的用户数据部分可以分为三类:只读型、读写型、一次可写型。只读型存储器在出厂时已经写入固定数据,用户不得修改;读写型存储器允许用户进行多次擦写,方便数据更新;一次可写型存储器允许用户写入一次数据,但写入后不得再修改。

(3) 根据 RFID 系统的工作频率

RFID 系统的工作频率一般是指读写器发送无线信号时所使用的频率,基本上划分为五个范围:低频(30～300 kHz)、高频(3～30 MHz)、超高频(300 M～3 GHz)和微波(2.45 GHz 以上)。对射频识别系统来说,最主要的频率是 0～135 kHz,以及 ISM 频率 6.78 MHz、13.56 MHz、27.125 MHz、40.68 MHz、433.92 MHz、869.0 MHz、915.0 MHz、2.45 GHz、5.8 GHz 以及 24.125 GHz。低频系统主要用于短距离、低成本的应用中,如多数的门禁控制、宠物监管和防盗追踪等。高频系统用于需传送大量数据的应用系统,如会员卡、识别证、飞机机票和门禁控制等;超高频和微波系统则应用于需要较长的读写距离和高读写速度的场合,如火车监控、高速公路收费等。

(4) 根据标签的工作模式

RFID 标签的工作模式可以分为主动式、被动式和半主动式等。主动式依靠自身能量主动向读写器发送数据。被动式要从读写器发射的电磁波中吸收能量,然后才向读写器发送数据。半主动式自身的能量只提供给自己内部的电路使用,当它收到读写器发射的电磁波后,才向读写器发送数据。

(5) 根据标签封装的形状

按应用场合、成本与环境等因素的影响,RFID 标签可以被制作成各种各样的形状,如可以粘贴在标识物上的薄膜型自粘贴式标签、可以让用户携带的信用卡式标签、能够固定在车辆或集装箱上的柱型标签、可作为动物耳标的扣式标签、封装在玻璃管中的植入式标签等。

5. RFID 技术标准

目前,常用的 RFID 国际标准主要有用于对动物识别的 ISO11784 和 ISO11785,用于非接触智能卡的 ISO10536(Close Coupled Cards)、ISO15693(Vicinity Cards)、ISO 14443(Proximity Cards),用于集装箱识别的 ISO10374 等。目前,国际上制定 RFID 标准的组织比较著名的有三个:ISO、以美国为首的 EPC Global 和日本的 Ubiquitous ID Center,而这三个组织对 RFID 技术应用规范都有各自的目标与发展规划。下面对常见的几个标准加以简介。

(1) ISO11784 和 ISO11785 技术标准

ISO11784 和 ISO11785 分别规定了动物识别的代码结构和技术准则,标准中没有对应答器样式尺寸加以规定,因此可以设计成适合于所涉及的动物的各种形式,如玻璃管状、耳标或项圈等。代码结构为 64 位,如表 3 1 所示。

表 3-1　ISO11784 和 ISO11785 标准代码结构

位序号	信息	说明
1	动物应用 1/非动物应用 0	应答器是否用于动物识别
2～15	保留	未来应用
16	后面有数据 1/没有数据 0	识别代码是否有数据
17～26	国家代码	说明使用国家,999 表明是测试应答器
27～64	国内定义	唯一的国内专有的登记号

其中的 27～64 位可由各个国家自行定义。技术准则规定了应答器的数据传输方法和阅读器规范。工作频率为 134.2 kHz,数据传输方式有全双工和半双工两种,阅读器数据以差分双相代码表示,应答器采用 FSK 调制,NRZ 编码。由于存在较长的应答器充电时间和工作频率的限制,通信速率较低。

（2）ISO10536、ISO15693 和 ISO14443 技术标准

ISO10536 标准发展于 1992—1995 年间,由于这种卡的成本高,与接触式 IC 卡相比优点很少,因此这种卡从未在市场上销售。ISO14443 和 ISO15693 标准在 1995 年开始操作,其完成则是在 2000 年之后,二者皆以 13.56 MHz 交变信号为载波频率。ISO15693读写距离较远,而 ISO14443 读写距离稍近,但应用较广泛。目前的第二代电子身份证采用的标准是 ISO14443 TYPE B 协议。ISO14443 定义了 TYPE A、TYPE B 两种类型协议,通信速率为 106 kbit/s,它们的不同主要在于载波的调制深度以及位的编码方式。TYPE A 采用开关键控（On-Off Keying）的 Manchester 编码,TYPE B 采用 NRZ-L 的BPSK 编码。TYPE B 与 TYPE A 相比,具有传输能量不中断、速率更高、抗干扰能力更强的优点。RFID 的核心是防冲撞技术,这也是和接触式 IC 卡的主要区别。ISO14443-3规定了 TYPE A 和 TYPE B 的防冲撞机制。二者防冲撞机制的原理不同,前者是基于位冲撞检测协议,而 TYPE B 通过系列命令序列完成防冲撞。ISO15693 采用轮询机制、分时查询的方式完成防冲撞机制。防冲撞机制使得同时处于读写区内的多张卡的正确操作成为可能,既方便了操作,也提高了操作的速度。

（3）ISO18000 技术标准

ISO18000 是一系列标准,此标准是目前较新的标准,原因是它可用于商品的供应链,其中的部分标准也正在形成之中。ISO18000-6 基本上是整合了一些现有 RFID 厂商的产品规格和 EAN-UCC 所提出的标签架构要求而定出的规范。ISO18000 只规定了空气接口协议,对数据内容和数据结构无限制,因此可用于 EPC。

6. RFID 的典型应用领域

物流仓储方面:生产流水线跟踪;供应链跟踪;商品存储管理等。

零售方面:超市无线实时管理;非接触式网吧收费管理;积分卡管理;学校或单位食堂饭卡管理等。

交通方面:停车场出入管理;汽车防盗;公路、大桥或隧道的不停车收费;公交车调度;

集装箱、信件与包裹管理;旅客航空旅行包的自动识别、分拣、转运管理等。

军事方面:军事车辆防伪识别;涉密资产管理;电子监狱特种门禁管理;武器管理等。

食品方面:食品防腐败;可视会员卡等。

医疗方面:医疗废物监控系统;母婴识别;医院病人 IC 卡营养订餐;血液库管理等。

煤矿方面:矿山井下人员无线定位;油田数据采集;煤矿车辆承重;矿车追踪等。

畜牧业方面:宠物电子身份证;野生动物跟踪;赛鸽比赛等。

票证方面:校园卡、饭卡、乘车卡、会员卡、驾照卡、健康卡(医疗卡)等。

图书方面:智能图书馆管理;图书仓储配送;档案管理等。

7. RFID 亟待解决的问题

当前 RFID 应用和发展亟待解决的几个关键问题是标准、成本、技术和安全。

(1)标准问题

标准化是推动产品广泛获得市场接受的必要措施,但目前行业标准以及相关产品标准还不统一,电子标签迄今为止全球也还没有正式形成一个统一的(包括各个频段)国际标准。标准(特别是关于数据格式定义的标准)的不统一是制约 RFID 发展的重要因素,而数据格式的标准问题又涉及到各个国家自身的利益和安全。全球有三大 RFID 标准阵营:欧美的 EPC Global、日本的 UID 和国际标准化组织的 ISO/IEC18000。它们各自推出了自己的系列标准,这 3 个标准互不兼容,给 RFID 的大范围应用带来了困难,阻碍了未来 RFID 产品的互通和发展。因此,如何使这些标准相互兼容,让一个 RFID 产品能顺利地在世界范围中流通是当前重要而紧迫的问题。目前,很多国家都正在抓紧时间制定各自的标准,我国目前也正在加紧 RFID 标准的测试和制定,但由于 EPC、UID 和 ISO 的 RFID 频率与中国的 GSM 网络有冲突,因此我国 RFID 的工作频率长期没有确定下来,这对 RFID 产品的互通和发展造成了极大的阻碍,目前 RFID 技术标准仍未统一。

(2)成本问题

在新的制造工艺没有普及推广之前,高成本的 RFID 标签只能用于一些本身价值较高的产品。因此,降低成本是推广 RFID 技术的一个非常重要的环节。目前美国一个电子标签最低的价格是 20 美分左右,这样的价格无法应用于某些价值较低的单件商品,只有电子标签的单价下降到 10 美分以下,才可能大规模应用于整箱整包的商品。随着技术的不断提升和在各大行业的日益推广,RFID 的各个组成部分,包括电子标签、阅读器和天线等,制造成本都有望大幅度降低。

(3)技术问题

RFID 在技术上尚未完全成熟,如当遇到液体或金属遮挡物时,大量的 RFID 标签无法正常工作;目前使用的频率限制了读写器和 RFID 标签间的传输距离,使若干标签不能有效地被读取,标签失效率较高;无源 RFID 标签一旦接近射频扫描器,就会无条件地自动发出信号,无法辨别其扫描器是否合法,不利于个人隐私保护等。正因为 RFID 存在着各种各样的问题,所以这项技术还有待进一步提高和完善。

(4)安全问题

当前广泛使用的无源 RFID 系统还没有非常可靠的安全机制,无法对数据进行很好的保密,RFID 数据还容易受到攻击,主要是因为 RFID 芯片本身,以及芯片在读或者写数据的过程中都很容易被黑客所利用。此外,还有识别率的问题,由于液体和金属制品等对无线电信号的干扰很大,RFID 标签的准确识别率目前还只有 80％左右,离大规模实际应用所要求的成熟程度也还有一定差距。

第二节　工业现场总线技术

随着控制、计算机、通信、网络等技术的发展,信息交换沟通的领域正在迅速覆盖从工厂的现场设备层到控制、管理的各个层次,覆盖从工段、车间、工厂、企业乃至世界各地的市场。信息技术的飞速发展,引起了自动化系统结构的变革,逐步形成以网络集成自动化系统为基础的企业信息系统。现场总线就是顺应这一形势发展起来的新技术。现场总线是当今自动化领域技术发展的热点之一,被誉为自动化领域的计算机局域网。它的出现,标志着工业控制领域又一个新时代的开始,并将对该领域的发展产生重要影响。现场总线是应用在生产现场、在微型计算机化测量控制设备之间实现双向串行多节点数字通信的系统,也被称为开放式、数字化、多点通信的底层控制网络。它在制造业、流程工业、交通、楼宇等方面的自动化系统中具有广泛的应用背景。现场总线技术专用于将微处理器置入传统的测量控制仪表,使它们各自具有数字计算和通信能力,采用可进行简单连接的双绞线等作为总线,把多个测量控制仪表连接成网络系统,并按公开、规范的通信协议,在位于现场的多个微型计算机化测量控制设备之间以及现场仪表与远程监控计算机之间,实现数据传输与信息交换,形成各种适应实际需要的自动控制系统。简而言之,它把单个分散的测量控制设备变成网络节点,以现场总线为纽带,连接成可以相互沟通信息、共同完成自控任务的网络系统与控制系统。它给自动化领域带来的变化正如众多分散的计算机被网络连接在一起,使计算机的功能加入到信息网络的行列。因此,把现场总线技术说成是一个控制技术新时代的开端并不过分。

1. CAN 总线

CAN,全称为"Controller Area Network",即控制器局域网,最初出现在 20 世纪 80 年代末的汽车工业中,由德国 Bosch 公司最先提出。CAN 属于现场总线的范畴,是国际上应用最广泛的现场总线之一。最初,CAN 被设计为汽车环境中的微控制器通信,组建汽车电子控制网络。后来,CAN 的应用范围遍及从高速网络到低成本的多线路网络。如发动机管理系统、变速箱控制器、仪表设备、电子主干系统中,均嵌入 CAN 控制装置。一个由 CAN 总线构成的单一网络中,理论上可以挂接无数个节点。实际应用中,节点数目受网络硬件的电气特性所限制。例如,当使用 Philips P82C250 作为 CAN 收发器时,同一网络中允许挂接 110 个节点。CAN 可提供高达 1 Mbit/s 的数据传输速率,这使实时控制变得非常容易。另外,硬件的错误检定特性也增强了 CAN 的抗电磁干扰能力。

（1）CAN 的分层结构

为了使设计透明执行灵活,遵循 ISO/OSI 标准模型,CAN 分为数据链路层和物理层,其中数据链路层又包括逻辑链路控制子层 LLC 和媒体访问子层 MAC。而在技术规范 2.0A 中,数据链路层的 LLC 和 MAC 子层的服务和功能被描述为目标层和传输层,图

3-2 为 CAN 的分层结构。

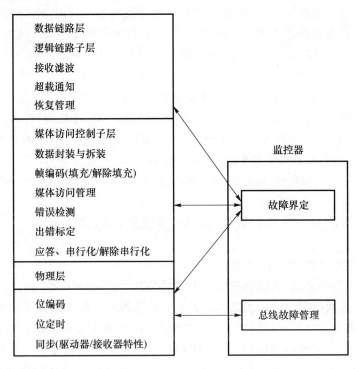

图 3-2　CAN 的分层结构

　　CAN 技术规范 2.0B 定义了数据链路层的 MAC 子层和 LLC 子层的一部分,并描述了与 CAN 总线有关的外层接口。物理层定义信号怎样进行发送,因而涉及到位定时、位编码和位同步的描述,在这部分技术规范中,未定义物理层中的驱动器/接收器特性,以便允许根据具体应用,对发送媒体和电平信号进行优化。MAC 子层是 CAN 协议的核心,它描述由 LLC 子层接收到的报文和对 LLC 子层发送的认可报文。MAC 子层可响应报文帧、仲裁、应答、错误检测和标定。MAC 子层由称为故障界定的一个管理实体监控,它具有识别永久故障或短暂扰动的自检机制。LLC 子层的主要功能是报文滤波、超载通知和恢复管理。

　　(2) CAN 总线通信协议

　　CAN 总线是一种有效支持分布式控制或实时控制的串行通信网络,它是基于下列 5 条基本规则进行通信协调的。

　　① 总线访问:CAN 是共享媒体的总线,它对媒体的访问机制类似于以太网的媒体访问机制,即采用载波监听多路访问(Carrier Sense Multiple Access,CSMA)的方式。CAN 控制器只能在总线空闲时开始发送,并采用硬同步,所有 CAN 控制器同步都位于帧起始的前沿。为避免异步时钟因累计误差而错位,CAN 总线中用硬同步后满足一定条件的跳变进行重同步。所谓总线空闲就是网络上至少存在 3 个空闲位(隐性位)时网络的状态,也就是 CAN 节点在侦听到网络上出现至少 3 个隐性位时,才开始发送。

　　② 仲裁:当总线空闲时呈隐性电平,此时任何一个节点都可以向总线发送一个显性

电平作为一个帧的开始。如果有两个或两个以上的节点同时发送,就会产生总线冲突。CAN是按位对标示符进行仲裁,各节点在向总线发送电平的同时,也对总线上的电平进行读取,并与自身发送的电平进行比较,如果电平相同则继续发送下一位,不同则说明网络上有更高优先级的信息帧正在发送,即停止发送,退出总线竞争。剩余的节点则继续上述过程,直到总线上只剩下一个节点发送的电平,总线竞争结束,优先级最高的节点获得总线的使用权,继续发送信息帧的剩余部分直至全部发送完毕。

③ 编码解码:帧起始域、仲裁域、控制域、数据域和CRC序列均使用位填充技术进行编码。在CAN总线中,每连续5个同状态的电平插入1位与它相补的电平,还原时每5个同状态的电平后的相补电平被删除,从而保证数据的透明。

④ 出错标注:当检测到位错误、填充错误、形式错误和应答错误时,检测出错条件的CAN控制器发送一个出错标志。

⑤ 超载标注:一些CAN控制器会发送一个或多个超载帧以延迟下一个数据帧或远程帧的发送。

(3) CAN总线系统的拓扑结构

拓扑是一个数学概念,它把物理实体抽象成与其大小和形状无关的点,把连接实体的线路抽象成线,进而研究点、线、面之间的关系。计算机网络也采用拓扑学中的研究方法,将网络中的设备定义为节点,把两个设备之间的连接线路定义为链路。从拓扑学的观点看,网络是由一组节点和链路组成的几何图形,这种几何图形就是计算机网络的拓扑结构,它反映了网络中各种实体间的结构关系。网络拓扑结构设计是构建计算机网络的第一步,也是实现各种网络协议的基础,它对网络的性能可靠性和通信费用等都有很大影响。网络拓扑结构按照几何图形的形状可分为4种类型:总线拓扑、环形拓扑、星形拓扑和网状拓扑。这些形状也可混合构成混合拓扑结构。不同的网络拓扑结构适用于不同的网络规模。例如,局域网应用的是总线、星形或环形拓扑结构,而广域网采用网状拓扑结构。在CAN网络中,也存在着形形色色的网络拓扑结构,下面介绍常用的CAN总线系统的拓扑结构,为第4章机车设备级网络拓扑结构的选择提供理论依据。

① 总线拓扑

总线形拓扑结构由单根电缆组成,该电缆连接网络中所有的节点。单根电缆称为总线,它仅仅只能支持一种信道,因此所有节点共享总线的全部带宽。在总线网络中,当一个节点向另一个节点发送数据时,所有节点都将被动地侦听该数据,只有目标节点接收并处理发送给它的数据后,其他节点才将忽略该数据。基于总线拓扑结构的网络很容易实现,且组建成本很低、扩展性较好。但当网络中的节点数量过多时,网络的性能将会下降。系统中各个节点之间彼此互相独立,只有在数据交换时才通过网络相互联系,所以当某个节点出现故障时,不易引起整个网络的瘫痪,系统运行可靠性提高。

② 环形拓扑

在环形拓扑结构中,每个节点与两个最近的节点相连接以使整个网络形成一个环,数据沿着环向一个方向发送。环中的每个节点如同一个能再生和发送信号的中继器,它们接收环中传输的数据,再将其转发到下一个节点。与总线拓扑结构相同,当环中的节点不断增加时,响应时间也就变得越长。因此,单纯的环形拓扑结构非常不灵活且不易于扩展。在一个简单环形拓扑结构中,单个节点或一处线缆发生故障将会造成整个网络的瘫痪。因此,一些CAN总线网络采用双环结构以提供容错。

③ 星形拓扑

在星形拓扑结构中,网络中的每个节点通过一个中央设备,如集线器连接在一起。网络中的每个节点将数据发送到中央设备,再由中央设备将数据转发到目标节点。由于使用中央设备作为连接点,星形拓扑结构可以很容易地移动、隔绝或与其他网络连接,这使得星形网络也易于扩展。一个典型的星形网络拓扑结构所需的线缆和配置一般稍多于环形网络和总线网络。由于在星形网络中任何单根电线只连接两个设备(如一个工作站和一个集线器),因此电缆问题最多影响两个节点。单个电缆或节点发生故障,将不会导致整个网络的通信中断。但中央设备的失败将会造成一个星形网络的瘫痪。所以适用于短距离、设备数量不太多的情况。

④ 网状拓扑

在网络拓扑结构中,每两个节点之间都直接互联的。网状拓扑常用于广域网,在这种情况下,节点是指地理场所。由于每个节点都是互联的,数据能够从发送地直接传输到目的地。如果一个连接出了问题,将能够轻易并迅速地更改数据的传输路径。由于对两节点之间的数据传输提供多条链路,因此网状拓扑是最具容错性的网络拓扑结构。网状拓扑的一个缺点是成本问题。将CAN网络中的每个节点与其他节点相连接需要大量的专用线路。为缩减开支,可以选择半网状结构。在半网状结构中,直接连接网络中关键的节点,通过星形或环形拓扑结构连接次要的节点。与全网状结构相比,半网状结构更加适用,因而在当前的实际应用中使用得更加广泛。

(4) CAN总线系统的通信方式

CAN总线系统根据节点的不同,可以采取不同的通信方式以适应不同的工作环境和效率,CAN总线两种典型的工作通信方式是多主式通信方式和主从式通信方式。

① 多主式结构

CAN总线在多主式(Multimaster)通信方式下工作时,网络上任一节点均可在任意时刻主动向网络上其他节点发送信息,而不分主从。多主式的通信方式灵活,且无须地址等节点信息。在这种工作方式下,CAN网络支持点对点、一点对多点和全局广播方式接收/发送数据。为避免总线冲突,CAN总线采用非破坏性总线仲裁技术,根据需要将各个节点设定为不同的优先级,并以标志符(ID)标定,其值越小,优先级越高,在发生冲突的情况下,优先级低的节点会主动停止发送,从而解决了总线冲突的问题。这是CAN总线的基本协议所支持的工作方式,无须上层协议的支持。

② 主从式结构

CAN总线在主从式(Infrastructure)通信方式下工作时,网络上节点的功能是有区分的,无法像多主式结构的网络那样自由进行各种平等的点对点间的信息发送。在主从式结构系统的通信方式中,整个系统的通信活动要依靠主站中的调度器来安排。如果系统调度策略设计不当,系统的实时性、可靠性就会很差,而且容易引起瓶颈现象,妨碍正常有效的通信。所以,采取主从式结构的网络都需要采取必要的措施去解决瓶颈问题。目前的CAN网络一般采用多主式和主从式结合的结构,这种结构比较灵活又具有较高的实时性和可靠性。

（5）CAN 总线特点

① 通信介质可以是双绞线、同轴电缆和光纤，通信距离最远可达 10 km(5 kbit/s)，最高速率可达 1 Mbit/s(40 m)；

② 用数据块编码方式代替传统的地址编码方式，用一个 11 位或 29 位二进制数组成的标识码来定义 211 或 1 129 个不同的数据块，让各节点通过滤波的方法分别接受指定的标识码的数据，这种编码方式使得系统配置非常灵活；

③ 网络上的任意一个节点均可以主动地向其他节点发送数据，是一种多主总线，可以方便地构成多机备份系统；

④ 网络上的节点可以定义成不同的优先级，利用接口电路的"线与"功能，巧妙地实现了无破坏性的基于优先权的仲裁，当两个节点同时向网络发送数据时，优先级低的节点会主动停止数据发送，而优先级高的节点则不受影响地传送数据，大大节省了总线冲突裁决时间；

⑤ 数据帧中的数据字段长度最多为 8 Byte，这样不仅可以满足工控领域中传送控制命令、工作状态和测试数据的一般要求，而且保证了通信的实时性；

⑥ 在每一个帧里面都进行 CRC 校验以及校错，数据差错率低；

⑦ 网络上的节点在错误严重的情况下，具有自动关闭总线的功能，退出网络通信，保证总线上的其他操作不受影响。

2. Lonworks 总线

LON 总线是一种基于嵌入式神经元芯片（Neuron 芯片）的现场总线技术，具有强劲的实力。它被广泛的应用在楼宇自动化、家庭自动化、保安系统、办公设备、运输设备、工业过程控制等领域，具有极大的潜力。低成本和高性能是该总线的最大优势。LON 总线最初是由美国埃施朗（Echelon）公司推出，并与 Motorola 和 Toshiba 等公司共同倡导，于 1990 年正式公布形成的。它采用了 ISO/OSI 参考模型的全部七层通信协议，运用了面向对象的设计方法，通过网络变量把网络通信设计简化为参数设置，其通信速率为 300 k～1.25 Mbit/s 不等，直接通信距离可达到 2 700 m(78 kbit/s，双绞线)，支持双绞线、同轴电缆、光纤、射频、红外线、电源线等多种通信介质，并开发了相应的本质安全防爆产品，被誉为通用控制网络。LON 总线技术的核心是具备通信和控制功能的 Neuron 芯片。Neuron 芯片是高性能、低成本的专用神经元芯片，能实现完整的 LonTalk 通信协议[14]。集成芯片中有 3 个 8 bit CPU，第 1 个用于完成开放式互连参考模型中的第 1 层和第 2 层的功能，称为媒体访问控制处理器；第 2 个用于完成第 3～6 层的功能，称为网络处理器，能进行网络变量的寻址、处理、背景诊断、函数路径选择、软件计时、网络管理，并负责网络通信控制、收发数据包等；第 3 个是应用处理器，执行操作系统服务与用户代码。芯片中还具有存储信息缓冲区，以实现 CPU 之间的信息传递，并作为网络缓冲区和应用缓冲区。Echelon 公司的技术策略是鼓励各开发商运用 LonWorks 技术和神经元芯片，开发自己的应用产品。目前，已有 4 000 多家制造商在不同程度上加入了 LonWorks 技术，1 000 多家制造商已经推出了 LON 总线产品，并进一步组织起 LonMark 互操作协会，开发推广 LonWorks 技术与产品。LonWorks 控制网络在功能上就具备了网络的基本功能，它本身就是一个局域网,和 LAN 具有良好的互补性,又可方便地实现互连,易于实现更加强大的功能。LonWorks 以其独特的技术优势,将计算机技术、网络技术和控制技术融为一体,实现了测控和组网的统一,而其在此基础上开发出的 LonWorks/EtherNet 功能,将进一步使得 LonWorks 网络与以太网更为方便地互连。LonWorks/EtherNet 网络系统中的关键技术是 iLon 1000。它取代了传统的网关设备而成为连接 LonWorks 和 Ether-Net 的桥梁。它将 LonWorks 的报文打包,封装在 TCP/IP 数据包中,然后在网络中发送。当数据包通过 EtherNet 传送到远程的网段时,TCP/IP 封装被抛弃,数据包被重新放置在网络上。iLon 1000 具有自己的 IP 地址,一端挂接在以太网上,一端挂接在 Lon-Works 网络上,使得 LonWorks 网络与以太网集成非常方便。

(1) LonTalk 协议

LonTalk 协议专为控制网络的通信而设计。典型的用于控制网络的是短信息、低成本节点,多种网络介质,通常小带宽的网络等是控制网的特点。LonWorks 采用了 OSI 参考模型的全部七层通信协议,被称为通用控制网络。其中各层的作用和所提供的服务如图 3-3 所示。

模型分层	作用	服务
应用层	网络应用程序	标准网络变量类型,组态性能,文件传送
表示层	数据表示	网络变量,外部帧传送
会话层	远程传送控制	请求/响应,确认
传输层	端到端传输可靠性	单路/多路应答服务,重复信息服务,复制检查
网络层	报文传递	单路/多路寻址,路径
数据链路层	媒体访问与成帧	成帧,数据编码,CRC,冲突仲裁,优先级
物理层	电气连接	媒体特殊细节(如调制),收发种类,物理连接

图 3-3　LonWorks 通信模型

LonTalk 地址唯一地确定了 LonTalk 数据包的源节点和目的节点(可以是一个或几个节点),路由器也使用这些地址来选择如何在两个信道之间传送数据包。网络地址可以有三层结构:域(Domain)、子网(Subnet)和节点(Node),如图 3-4 所示。

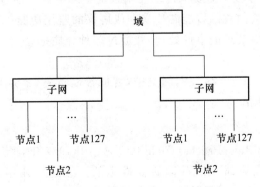

图 3-4　分层编址示意图

第一层结构是域。域的结构可以保证在不同的域中通信是彼此独立的。例如，不同的应用节点共存在同一个通信介质中，如不同域的区分可以保证它们的应用完全独立，彼此不会受到干扰。Neuron 芯片可以配置为属于一个域或同时属于两个域。同时作为两个域成员的一个节点可以用作两个域之间的网关（Gateway）。域 ID 可配置为 0、1、3 或 6 字节。使用较短的域 ID 可以减少数据包的开销，这可由系统安装者根据实际需要来决定。

第二层结构是子网。每一个域最多有 255 个子网。一个子网是一个域内节点的逻辑集合。一个子网最多可以包括 127 个节点。一个子网可以是一个或多个通道的逻辑分组，有一种子网层的智能路由器产品可以实现子网间的数据交换。在一个子网内的所有节点必须位于相同的段上。子网不能跨越智能路由器。若将一个节点同时配置为属于两个域，则它必须同时属于每个域上的一个子网。

第三层结构是节点。子网内每一个节点被赋予一个在该子网内唯一的节点号。该节点号为 7 位。因此，一个域内最多有 $255 \times 127 = 32\ 385$ 个节点。节点也可以被分组（Group），一个分组在一个域中跨越几个子网或几个信道。在一个域中最多有 256 个分组，每一个分组对于需要应答服务最多有 64 个节点，而无应答服务的节点个数不限，一个节点可以分属 15 个分组去接收数据。分组结构可以使一个报文同时为多个节点接收。另外，每一个 Neuron 芯片有一个独一无二的 48 位 ID 地址，这个 ID 地址是在 Neuron 芯片出厂时由制造商规定的。一般只在网络安装和配置时使用，可作为产品的序列号。

（2）LonWorks 总线特点

① 支持双绞线、同轴电缆、光缆和红外线等多种通信介质和多种拓扑结构，并开发了本质安全防爆产品，被誉为通用控制网络；

② 同时还采用面向对象的设计方法，通过网络变量把网络通信设计简化为参数设置；

③ LonWorks 分布式控制技术显示出很高的系统可靠性和系统响应，并且降低了系统的成本和运行费用；

④ 一个 LonWorks 控制网络可以有 3～30 000 个或更多的节点，包括传感器功能（温度、压力等）、执行器功能（开关、调节阀、变频驱动等）、操作接口（显示、人机界面等）、控制功能（新风机组、VAV 等），不需要像传统控制系统中的中央控制器；

⑤ 每个节点都包含内置的智能芯片来完成协议的监控功能；

⑥ 神经元芯片完成节点的事件处理，并通过多种介质把处理结果传递给网络上的其他节点；

⑦ 另外，在一个 LonWorks 控制网络中，智能控制设备（节点）使用同一个通信协议与网络中的其他节点通信。

3. Profibus 总线

过程现场总线 Profibus（Process Fieldbus）诞生于 1987 年，最初是由以 Siemens 公司为主的十几家德国公司和研究所共同研发推出的。经过十几年的发展，2000 年年初，Profibus 协议通过国际电工委员的批准成为国际标准 IEC61158 中的 8 种现场总线之一。Profibus 协议是一种国际化的、不依赖于设备生产商的开放式现场总线标准。该协议规范基于内部 ISO(International Standard Organization)标准的 OSI(Open Systems Interconnection)参考模型,是全球范围内唯一一个能够以标准的方式应用于几乎所有领域的现场总线协议。

　　Profibus 是一种国际性的开放式的现场总线标准,实际上它是一组协议与应用规约的集合,其核心是数据链路层上使用一致的通信协议——基于 Token_Passing 的主从轮询协议,而在之下的物理层和之上的应用层则使用不同的应用规约。不同的规约和物理层的组合就构成了 Profibus 协议中一系列应用规范定义子集,其差别具体体现在应用对象、场合及使用规范上的不同[4]。目前,世界上许多自动化技术生产厂商都为它们的设备提供 Profibus 接口。Profibus 协议广泛应用于流程工业自动化、制造业自动化、楼宇自动化、交通、电力等其他自动化领域。

　　(1)Profibus 总线分类

　　现场总线必须是标准化的设计和开放的结构。1987 年德国工业界开始设立 Profibus 联合开发项目,由这个联合体开发的规则和标准不久成为德国工业标准。德国的国家现场总线标准于 1996 年成为国际性标准(欧洲标准 EN50170);2000 年 3 月,Profibus 标准被批准为国际现场总线标准 IEC61158 的组成部分。Profibus 由三个兼容部分组成,即 Profibus-DP(Decentralized Periphery)、Profibus-PA(Process Automation)、Profibus-FMS(Fieldbus Message Specification)。

　　Profibus-DP:用于传感器和执行器级的高速数据传输,是一种高速低成本通信协议,用于设备级控制系统与分散式 I/O 的通信。根据其所要达到的目标对通信功能加以扩充,DP 的传输速率可达到 12 Mbit/s,一般构成单主站系统,主站/从站之间采用循环传输方式工作。

　　Profibus-PA:专为过程自动化设计,可使传感器和执行机构连在一根总线上,是具有本征安全规范特性的一种协议。

　　Profibus-FMS:它的设计旨在解决车间级层次上的通用性通信服务,FMS 提供大量的通信任务,完成以中等传输速率进行传输的循环/非循环的通信任务。由于它是完成控制器和智能现场设备之间的通信以及控制器之间的信息交换,因此考虑的主要是系统的功能而不是系统的响应时间,应用过程中通常要求的是随机的信息交换(如改变设定参数等)。功能强大的 FMS 服务向人们提供了广泛的应用范围和更大的灵活性,可用于大范围和复杂性的通信系统。

　　(2) Profibus 的协议结构

　　现场总线通信协议基本遵照 ISO/OSI 参考模型,主要实现第一层(物理层)、第二层(数据链路层)、第七层(应用层)的功能。OSI 参考模型是建立在网络互连的七层框架基础之上,其中的每一层都为具体的通信提供一定的服务。而这些服务定义了相应的层次上所使用的原语以及与上下层次之间的接口。而且 OSI 中定义的层次不一定是每一层都必须的,可以根据其通信的需要来选择合适的层次结构。Profibus 遵循 ISO/OSI 模型,其通信模型由 3 层构成:物理层、数据链路层和应用层。Profibus 行规的制定为遵循 Profibus 协议的设备进行之间的互操作奠定了基础。通过对设备指定复合 Profibus 行规的过程参数、工作参数、厂家特定参数,设备之间就可以实现互操作。Profibus 物理层采用 EIARS 232、EIARS-422/RS-485 等协议。由于在某些情况下,现场传感器、变送器要从现场总线"窃取"电能作为它们的工作电源,因此对总线上数字信号的强度(驱动能力)、传输速率、信噪比、电缆尺寸、线路长度等都提出了一定的要求。数据链路层考虑到现场设备的故障比较多,更换得比较频繁,数据链路层媒体访问控制大多采用受控访问(包括轮询和令牌)协议。通常,使用 PCU、PLC 作为主站,传感器、变送器等作为从站。另外,须支持点对点、点对多点和广播通信方式。应用层解决的是应用什么样的高级语言(或过程控制语言)作为面向用户的编程(或组态)语言的问题。其中,包括设备名称、网络变量与配置(捆绑)关系、参数与功能调用及相关说明等,一般应该具有符合 IEX1131-3 标准的图形用户界面(GUI)。Profibus 协议结构如图 3-5 所示。

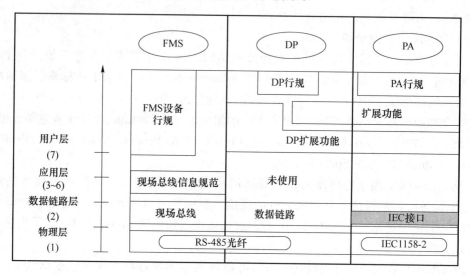

图 3-5 Profibus 协议结构

从图 3-5 中我们可以看出:

① Profibus-DP 只定义了 OSI 模型中的物理层、数据链路层,并添加了一个用户接口层,而对 OSI 模型中的其他层次没有加以定义,用户接口层用于对用户、系统以及设备可以调度的应用功能加以规定,并针对不同设备的设备行为进行细致的描述;

② Profibus-FMS 定义了 OSI 模型中的物理层、数据链路层和应用层,FMS 的应用层由现场总线信息规范和低层接口两部分组成,其中低层接口提供的接口是不依赖于设备的,而现场总线信息规范则向用户提供了各种通信服务;

③ Profibus-PA 可以称作是 Profibus-DP 的延伸,它的数据传输协议是对 Profibus-DP协议的优化和扩展,此外为了满足更多过程控制的要求,Profibus-PA 还增加了描述设备行为的 PA 行规以及相应的传输技术,这样的传输技术不仅可以保证其本征的安全性,也可以通过总线为现场的设备进行供电。

(3) Profibus 的技术优势

① 总线存取协议

三种系列的 Profibus 均使用单一的总线存取协议,数据链路层采用混合介质存取方式,即主站间按令牌方式、主站和从站间按主从方式工作。得到令牌的主站可在一定的时间内执行本站的工作,这种方式保证了在任一时刻只能有一个站点发送数据,并且任一个主站在一个特定的时间片内都可以得到总线操作权,这就完全避免了冲突。这样的好处在于传输速度较快,而其他一些总线标准则采用的是冲突碰撞检测法,在这种情况下,某些信息组需要等待,然后再发送,从而使系统传输速度降低。

② 灵活的配置

根据不同的应用对象,可灵活选取不同规格的总线系统,如简单的设备级的高速数据传送,可选用 Profibus-DP 单主站系统,稍微复杂一些的设备级的高速数据传送,可选用 Profibus-DP 多主站系统,比较复杂一些的系统可将 Profibus-DP 和 Profibus-FMS 混合选用,两套系统可方便地在同一根电缆上同时操作,而无须附加任何转换装置。

③ 本征安全

目前,被普遍接受的电气设备防爆技术措施有隔爆(Exd)、增安(Exe)、本征安全(Exi)等技术。对低功率电气设备(如自动化仪表),最理想的保护技术是本征安全防爆技术。它是一种以抑制电火花和热效应能量为防爆手段的"安全设计"技术。本征安全性一直是工控网络在过程控制领域应用时首先需要考虑的问题,否则即使网络功能设计得再完善,也无法在化工、石油等工业现场使用。目前,各种现场总线技术中考虑本征安全特性的只有 Profibus 和 FF,而 FF 的部分协议和成套硬件支撑尚未完善,可以说目前过程自动化中现场总线技术的成熟解决方案是 Profibus-PA。它只需一条双绞线就可既传送信息又向现场设备供电,由于总线的操作电源来自单一供电装置,它就不再需要绝缘装置和隔离装置,设备在操作过程中进行的维修、接通或断开,即使存在潜在的爆炸区也不会影响到其他站点。

④ 功能强大的 FMS

FMS 提供上下文环境管理、变量的存取、定义域管理、程序调用管理、事件管理、对 VDF(Virtual Field Device)的支持以及对象字典管理等服务功能。FMS 同时提供点对点或有选择广播通信、带可调监视时间间隔的自动联结、当地和远程网络管理等功能。

第三节　无线传感器网络

1. 无线传感器网络系统概述

随着通信技术、微机电系统(MEMS)技术和传感器技术的飞速发展和日益成熟,出现了具有感知能力、计算能力和通信能力的微型传感器。由这些微型传感器构成的传感器网络引起了人们的普遍关注。这种传感器网络综合了传感器技术、嵌入式计算技术、分布式信息处理技术和通信技术,能够协作地实时监测、感知和采集网络分布区域内的各种环境或监测对象的信息,并对这些信息进行处理,获得详尽而准确的监测报告并传送给相应的用户。比如,借助于微型传感器中内置的形式多样的传感单元(Sensing Unit)测量所在周边环境中的热、红外、声纳、雷达和地震波信号,从而探测包括温度、湿度、噪声、光强度、压力、移动物体的大小、速度和方向等众多我们感兴趣的物质现象。在通信方式上,虽然可以采用有线、无线、红外和光等多种形式,但一般认为短距离的无线低功率通信技术最适合传感器网络使用，为明确起见，一般称作无线传感器网络 WSN。传感器节点是无线传感器网络的主要组成部分。图 3-6 给出了传感器节点的结构示意图。

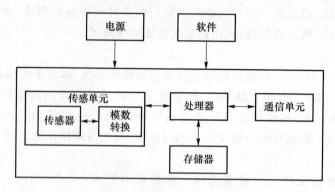

图 3-6　传感器节点的结构

传感器节点通常由电源、传感单元、嵌入式处理器、存储器、通信单元和软件这几部分构成。电源为传感器提供正常工作所必须的能量。传感单元用于感知，获取外界的信息，并将其转换成为数字信号。处理器负责协调节点各部分的工作，如对传感单元获取的信息进行必要的处理、保存、控制传感单元和电源的工作模式等。通信单元负责与其他传感器或者观察者的通信。软件则为传感器提供必要的软件支持，如嵌入式操作系统、嵌入式数据库等。无线传感器网络是由一组传感器节点以 Ad Hoc（自组织）的方式构成的无线网络。图 3-7 给出了一个典型的无线传感器网络结构图。

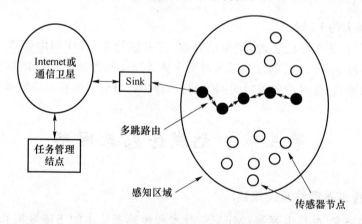

图 3-7　传感器节点的结构

该网络由传感器节点、信息接收器（Sink）、Internet 或通信卫星、任务管理节点等部分构成。传感器节点散布在指定的感知区域内，每个传感器节点都可以收集数据，并通过"多跳"路由方式把数据传送到 Sink。Sink 也可以用同样的方式将信息发送给各节点。Sink 直接与 Internet 或通信卫星相连，通过 Internet 或通信卫星实现任务管理节点（即用户）与传感器之间的通信。

2. 无线传感器网络的特征

无线传感器网络根据其应用环境、设计原理，具有其自己鲜明的特征。说明如下，无线传感器网络与传统的无线网络(如 WLAN 或蜂窝网)有着不同的设计目标,后者在高度移动的环境中通过优化路由和资源管理策略最大化带宽的利用率,同时为用户提供一定的服务质量保证。而传感器网络除了具有 Ad Hoc 网络的一些特征以外,还具有很多其他鲜明的特点。

(1) 以数据为中心的网络

在无线传感器网络的研究初期,人们一度认为成熟的 Internet 技术加上 Ad Hoc 路由机制对传感器网络的设计是足够充分的,但深入的研究表明[4],传感器网络有着与传统网络明显不同的技术要求。前者以数据为中心,后者以传输数据为目的。为了适应广泛的应用程序,传统网络的设计遵循着"端到端"的边缘论思想,强调将一切与功能相关的处理都放在网络的端系统上,中间节点仅仅负责数据分组的转发,对于传感器网络,这未必是一种合理的选择。一些为自组织的 Ad Hoc 网络设计的协议和算法未必适合传感器网络的特点和应用的要求。节点标识(如地址等)的作用在传感器网络中就显得不是十分重要,因为应用程序不怎么关心单节点上的信息;中间节点上与具体应用相关的数据处理、融合和缓存也显得很有必要。

(2) 通信能力有限

传感器网络的传感器的通信带宽窄而且经常变化,通信覆盖范围只有几十到几百米。传感器之间的通信断接频繁,经常导致通信失败。由于传感器网络更多地受到高山、建筑物、障碍物等地势地貌以及风雨雷电等自然环境的影响,传感器可能会长时间脱离网络,离线工作。如何在有限通信能力的条件下高质量地完成感知信息的处理与传输,是面临的挑战。

(3) 电源能量有限

传感器的电源能量极其有限。因为它们通常运行在人无法接近的恶劣甚至危险的远程环境中,能源无法替代,设计有效的策略延长网络的生命周期成为无线传感器网络的核心问题。当然,从理论上讲,太阳能电池能持久地补给能源,但工程实践中生产这种微型化的电池还有相当的难度。商品化的无线发送接收器电源也远远不能满足传感器网络的需要。传感器传输信息要比执行计算更消耗电能。传感器传输 1 位信息所需要的电能足以执行 3 000 条计算指令。

(4) 计算能力有限

传感器网络中的传感器都具有嵌入式处理器和存储器。这些传感器都具有计算能力,可以完成一些信息处理工作。但是,由于嵌入式处理器和存储器的能力和容量有限,传感器的计算能力十分有限。如何使用大量具有有限计算能力的传感器进行协作分布式信息处理,是面临的挑战。

(5) 传感器数量大、分布范围广

传感器网络中传感器节点密集,数量巨大,可能达到几百、几千,甚至更多。此外,传感器网络可以分布在很广泛的地理区域。传感器的数量与用户数量比通常也非常大。传感器数量大、分布广的特点使得网络的维护十分困难甚至不可维护,传感器网络的软、硬件必须具有高强壮性和容错性。

（6）网络动态性强

传感器网络具有很强的动态性。网络中的传感器、感知对象和观察者这三要素都可能具有移动性，并且经常有新节点加入或已有节点失效。因此，网络的拓扑结构动态变化，传感器、感知对象和观察者三者之间的路径也随之变化。

（7）应用相关的网络

无线传感器网络是一个与应用密切相关的网络，传感器节点的处理能力很弱，结构简单，不可能设计出一种系统和网络协议适用于所有的不同应用环境，因此不同的应用需求设计出的网络系统将会有很大的差异，因此应用相关性是无线传感器网络的显著特征。

总之，无线传感器网络以应用需求为基础，常常需要被用在环境恶劣、危险的区域。比如，工控领域中的高温、化工生产中的有毒区域等不适宜人直接操作的区域等要求都需要网络可以自动组网、多跳传输等特点。此外，无线网络的通信安全等也需要在设计中进行考虑。

3. 无线传感器网络的发展与应用

随着无线传感器技术研究的不断深入，微处理器的工艺不断发展，无线网络产品实现的成本不断减低，为无线传感器的应用奠定了坚实的基础。目前，无线传感器的应用主要在以下几个领域。

（1）环境保护和智能农业

现在社会的快速发展引发了许多的环境问题，如何更好的保护自然，监控自然，是需要人们关注的重要问题。对于环境的监控就需要采集非常多的环境数据。无线传感器网络的低功耗，长生命周期，大规模网络，正好符合环境数据采集的要求，能够对大范围内的环境进行持续的检测。并且可以应用在智能农业上，实时的采集温度、湿度、分析土壤的成分、含水量等，为农业生产提供依据，提高农业生产的综合效率。

（2）医疗领域

随着老龄化社会的到来，老年人的健康监护需要更加智能化的医疗设备，无线传感器网络技术就可以发挥重要作用。心率和血压是需要重点检查的生命体征，通过心率和血压传感器建立无线网络，养老院或者是居家老人的健康体征就可以被监控，并且可以通过互联网将发现的异常情况通知医院或者是家属，为处理病情赢得宝贵时间。

（3）军事领域

无线传感器网络的研发就是从美国军方开始的，因此无线传感器的很多特点，如自组网、可动态性变化、大规模组网等都非常适合战场的恶劣环境，并且无线传感器网络的很多技术，如定位技术、安全技术的发展，可以为制导武器提供准确的目标定位，并且随着传感器技术的发展，可以探测到生物、化学及放射性物质，为侦查生化武器和核武器提供情报信息。

（4）智能楼宇

随着对室内空调节能要求的提高，如何在节能的情况下提高人们居住舒适度的问题亟须解决。通过无线传感器网络对写字楼中的温度、湿度以及通风情况进行监控，合理地对温湿度和空气调节设备进行调控，不但可以显著提高人们居住的舒适度，并且可以减低能耗。可以想象，在不远的将来，无线传感器网络系统在智能楼宇中将会得到广泛的应用。

第4章
工业监控物联网传输层

第一节　传输层简介

　　物联网的传输层担负着极其重要的信息传递、交换和传输的重任,目前是通信、计算机和自动化等领域一个新兴的研究热点,它必须能够可靠地、实时地采集覆盖区中的各种信息并进行处理,处理后的信息可通过有线或无线方式发送给远端。众所周之,统一的技术标准加速了互联网的发展,这包括在全球范围进行传输的互联网通信协议 TCP/IP 协议、路由器协议、终端的构架与操作系统等。因此,我们可以在世界上的任何一个角落,使用任一台计算机连接到互联网中去,很方便地实现计算机互联。而物联网的规模和终端的形式都在互联网的基础上有了一个很大的发展和延伸,联结的物体数量更多,终端的软硬件结构形式和智能化程度更加复杂多变。互联网的 TCP/IP 方式(包括 IPv6)、MPLS、移动 3G、卫星通信等通信技术将会在物联网的信息通信传输中扮演重要的角色。

　　传输层主要分为有线传输和无线传输。在当前的物联网行业环境下,有线传输和无线传输都处于十分重要的地位。工业领域中广泛使用的工业控制系统大多基于有线传输,如工业现场总线等;近年来,随着无线通信标准的发展和制造成本的下降,无线通信在物联网中变得更加常见,无线传输克服了有线传输在线路铺设环节的障碍,使得网络的部署更加简单快速。通过有线传输和无线传输相互结合,物联网的物理实现更加便捷,业务逻辑更加丰富灵活。

第二节　有线传输介质

　　有线传输即通过有线传输介质进行通信的传输方式。有线传输介质是指在两个通信设备之间实现的物理连接部分,它能将信号从一方传输到另一方,有线传输介质主要有双绞线(五类、六类)、同轴电缆(粗、细)和光纤(单模、多模)。双绞线和同轴电缆传输电信号,光纤传输光信号。

主要的有线传输介质包括如下几个方面。

1. 双绞线

双绞线(Twisted Pair)是由两条相互绝缘的导线按照一定的规格互相缠绕(一般以逆时针缠绕)在一起而制成的一种通用配线,属于信息通信网络传输介质。双绞线过去主要是用来传输模拟信号的,但现在同样适用于数字信号的传输。如图 4-1 所示。

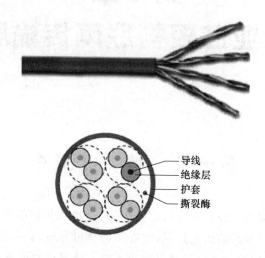

图 4-1　双绞线

2. 同轴电缆

同轴电缆(Coaxial)是指有两个同心导体,而导体和屏蔽层又共用同一轴心的电缆。最常见的同轴电缆由绝缘材料隔离的铜线导体组成,在里层绝缘材料的外部是另一层环形导体及其绝缘体,然后整个电缆由聚氯乙烯或特氟纶材料的护套包住。如图 4-2 所示。

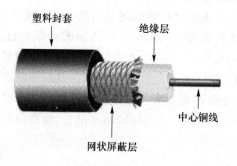

图 4-2　同轴电缆

同轴电缆从用途上分可分为基带同轴电缆和宽带同轴电缆(即网络同轴电缆和视频同轴电缆)。同轴电缆分 50 Ω 基带电缆和 75 Ω 宽带电缆两类。基带电缆又分细同轴电缆和粗同轴电缆。基带电缆仅仅用于数字传输,数据率可达 10 Mbit/s。

同轴电缆由里到外分为四层:中心铜线、塑料绝缘体、网状导电层和电线外皮。电流传导与中心铜线和网状导电层形成的回路。因为中心铜线和网状导电层为同轴关系而得名。同轴电缆传导交流电而非直流电,也就是说每秒钟会有好几次的电流方向发生逆转。

同轴电缆也存在一个问题,就是如果电缆某一段发生比较大的挤压或者扭曲变形,那么中心电线和网状导电层之间的距离就不是始终如一的,这会造成内部的无线电波会被反射回信号发送源。这种效应减低了可接收的信号功率。为了克服这个问题,中心电线和网状导电层之间被加入一层塑料绝缘体来保证它们之间的距离始终如一。这也造成了这种电缆比较僵直而不容易弯曲的特性。

3. 光纤

光纤是光导纤维的简写,是一种利用光在玻璃或塑料制成的纤维中的全反射原理而形成的光传导工具。光导纤维由前香港中文大学校长高锟发明。如图 4-3 所示。

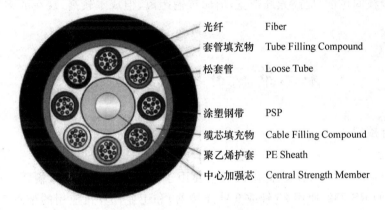

光纤	Fiber
套管填充物	Tube Filling Compound
松套管	Loose Tube
涂塑钢带	PSP
缆芯填充物	Cable Filling Compound
聚乙烯护套	PE Sheath
中心加强芯	Central Strength Member

图 4-3 光纤结构

微细的光纤封装在塑料护套中,使得它能够弯曲而不至于断裂。通常,光纤的一端的发射装置使用发光二极管(Light Emitting Diode,LED)或一束激光将光脉冲传送至光纤,光纤的另一端的接收装置使用光敏元件检测脉冲。

由于光在光导纤维的传导损耗比电在电线传导的损耗低得多,光纤被用作长距离的信息传递。

光纤的种类如下。

(1) 按光在光纤中的传输模式可分为单模光纤和多模光纤。

多模光纤:中心玻璃芯较粗(50 或 62.5 μm),可传多种模式的光。但其模间色散较大,这就限制了传输数字信号的频率,而且随距离的增加会更加严重。例如,600 MB/km 的光纤在 2 km 时则只有 300 MB 的带宽。因此,多模光纤传输的距离就比较近,一般只有几千米。

单模光纤:中心玻璃芯较细(芯径一般为 9 或 10 μm),只能传一种模式的光。因此,其模间色散很小,适用于远程通信,但其色度色散起主要作用,这样单模光纤对光源的谱宽和稳定性有较高的要求,即谱宽要窄,稳定性要好。

单模光纤(Single-Mode Fiber):一般光纤跳纤用黄色表示,接头和保护套为蓝色;传输距离较长。

多模光纤(Multi-Mode Fiber)：一般光纤跳纤用橙色表示，也有的用灰色表示，接头和保护套用米色或者黑色；传输距离较短。

(2) 按最佳传输频率窗口可分为常规型单模光纤和色散位移型单模光纤。

常规型：光纤生产厂家将光纤传输频率最佳化在单一波长的光上，如 1 300 nm。

色散位移型：光纤生产厂家将光纤传输频率最佳化在两个波长的光上，如 1 300 nm 和 1 550 nm。

(3) 按折射率分布情况可分为突变型和渐变型光纤。

突变型：光纤中心芯到玻璃包层的折射率是突变的。其成本低，模间色散高。适用于短途低速通信，如工控。但单模光纤由于模间色散很小，所以单模光纤都采用突变型。

渐变型光纤：光纤中心芯到玻璃包层的折射率是逐渐变小，可使高模光按正弦形式传播，这能减少模间色散，提高光纤带宽，增加传输距离，但成本较高，现在的多模光纤多为渐变型光纤。

第三节　有线短距离传输

1. 串行接口

(1) 定义

串行接口(Serial Port)又称"串口"，主要用于串行式逐位数据传输。常见的有一般计算机应用的 RS-232(使用 25 针或 9 针连接器)和工业计算机应用的半双工 RS-485 与全双工 RS-422。

串行接口按电气标准及协议来分，包括 RS-232-C、RS-422、RS485、USB 等。RS-232-C、RS-422 与 RS-485 标准只对接口的电气特性做出规定，不涉及接插件、电缆或协议。USB 是近几年发展起来的新型接口标准，主要应用于高速数据传输领域。

(2) 标准及分类

① RS-232-C

也称标准串口，是目前最常用的一种串行通信接口。它是在 1970 年由美国电子工业协会(EIA)联合贝尔系统、调制解调器厂家及计算机终端生产厂家共同制定的用于串行通信的标准。它的全名是"数据终端设备(DTE)和数据通信设备(DCE)之间串行二进制数据交换接口技术标准"。传统的 RS-232-C 接口标准有 22 根线，采用标准 25 芯 D 型插头座。自 IBM PC/AT 开始使用简化了的 9 芯 D 型插座。至今 25 芯插头座现代应用中已经很少采用。计算机一般有两个串行口：COM1 和 COM2，9 针 D 形接口通常在计算机后面能看到。现在有很多手机数据线或者物流接收器都采用 COM 口与计算机相连。如图 4-4 所示。

RS-232-C 标准规定的数据传输速率为 50、75、100、150、300、600、1 200、2 400、4 800、9 600、19 200、38 400 波特。

② RS-422

为改进 RS-232 通信距离短、速率低的缺点，RS-422 定义了一种平衡通信接口，将传输速率提高到 10 Mbit/s,传输距离延长到 4 000 英尺(速率低于 100 kbit/s 时),并允许在一条平衡总线上连接最多 10 个接收器。RS-422 是一种单机发送、多机接收的单向、平衡传输规范,被命名为 TIA/EIA-422-A 标准。

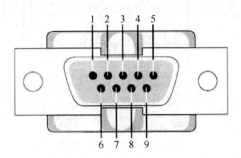

图 4-4　RS-232-C

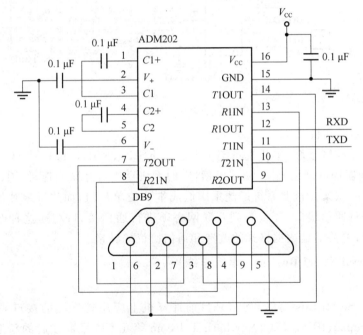

图 4-5　RS-232-C 接口电路

③ RS-485

智能仪表是随着 20 世纪 80 年代初单片机技术的成熟而发展起来的,现在世界仪表市场基本被智能仪表所垄断。究其原因就是企业信息化的需要,企业在仪表选型时其中的一个必要条件就是要具有联网通信接口。最初是数据模拟信号输出简单过程量,后来仪表接口是 RS-232 接口,这种接口可以实现点对点的通信方式,但这种方式不能实现联网功能。随后出现的 RS-485 解决了这个问题。下面我们就简单介绍一下 RS-485。

为扩展应用范围,EIA 又于 1983 年在 RS-422 基础上制定了 RS-485 标准,增加了多点、双向通信能力,即允许多个发送器连接到同一条总线上,同时增加了发送器的驱动能力和冲突保护特性,扩展了总线共模范围,后命名为 TIA/EIA-485-A 标准。

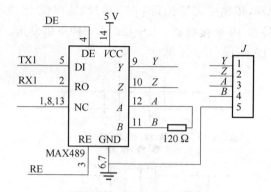

图 4-6 RS-422 接口电路

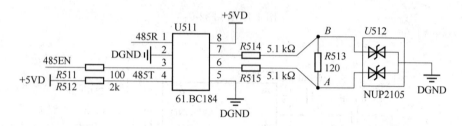

图 4-7 RS-485 接口电路

（3）应用领域和特点

目前在工业控制领域，单片机系统主要通过 RS232、RS485 和 CAN（Controller Area Network，控制器局域网络）总线协议通信，它们无法直接与互联网连接，因此该系统处于与互联网隔绝的状态。这些系统广泛采用低成本 8 位单片机，而这种单片机一般只具有 RS232 异步串行通信接口，要接入到互联网必须进行通信接口改造，这种改造不仅是接口的物理改造，更关键是数据格式的改造和通信协议的转换。

2. Universal Serial Bus（通用串行总线）

（1）定义

Universal Serial Bus 简称 USB，是目前计算机上应用较广泛的接口规范，由 Intel、Microsoft、Compaq、IBM、NEC、Northern Telecom 等几家大厂商发起的新型外设接口标准。USB 接口是计算机主板上的一种四针接口，其中中间两个针用于传输数据，两边两个针用于给外设供电。USB 接口速度快、连接简单、不需要外接电源，传输速度 12 Mbit/s，新的 USB 2.0 可达 480 Mbit/s；电缆最大长度 5 米，USB 电缆有 4 条线，2 条信号线，2 条电源线，可提供 5 伏特电源，USB 电缆还分屏蔽和非屏蔽两种，屏蔽电缆传输速度可达 12 Mbit/s，价格较贵，非屏蔽电缆速度为 1.5 Mbit/s，但价格便宜；USB 通过串联方式最多可串接 127 个设备；支持热插拔。

（2）标准及分类

USB 标准如下。

USB1.0：1.5 Mbit/s（192 kbit/s）低速（Low-Speed）500 mA，1996 年 1 月。

USB1.1：12 Mbit/s（1.5 Mbit/s）全速（Full-Speed）500 mA，1998 年 9 月。

图 4-8 USB

USB2.0:480 Mbit/s(60 Mbit/s)高速(High-Speed)500 mA,2000 年 4 月。

USB3.0:5 Gbit/s(640 Mbit/s)超速(Super-Speed)900 mA,2008 年 11 月。

USB 3.0 是最新的 USB 规范,该规范由英特尔等大公司发起。USB 2.0 已经得到了PC 厂商普遍认可,接口更成为了硬件厂商接口必备,看看家里常用的主板就清楚了。USB2.0 的最高传输速率为 480 Mbit/s,即 60 Mbit/s。不过,大家要注意这是理论传输值,如果几台设备共用一个 USB 通道,主控制芯片会对每台设备可支配的带宽进行分配、控制。如在 USB1.1 中,所有设备只能共享 1.5 Mbit/s 的带宽。如果单一的设备占用USB 接口所有带宽的话,就会给其他设备的使用带来困难。

(3)应用领域和特点

与 RS-485、RS-232 等串口标准相比,USB 标准是近年来新兴的标准。从外观设计上讲,它的外形小巧、构造简单、接口设计便于插拔,适合应用到各个领域当中;从其协议和电气角度讲,USB 接口提供了更高速的传输速率,远远超过广泛应用于工业控制领域的RS-485、RS-232 标准。这些优良的特性使得 USB 可以被应用到位于专业领域之外的普通用户所处的领域当中。USB 可以在物联网中承担短距离有线传输的角色,并可以提供高带宽的数据传输,这对于将多媒体数据(如视频、音频)引入物联网十分重要。

3. Thunderbolt

(1)定义

美国当地时间 2011 年 2 月 24 日,英特尔正式发布了已经宣传数月的英特尔实验室产品代号为"Light Peak"技术,并将其命名为"Thunderbolt(雷电)"。

图 4-9 Thunderbolt

（2）应用领域和特点

Thunderbolt 连接技术融合了 PCI Express 数据传输技术和 DisplayPort 显示技术，由一颗 Intel 专用控制芯片进行驱动，通过 PCI Express x4、DisplayPort 总线与系统芯片组相连。其中，PCI Express 用于数据传输，DisplayPort 则用于显示信号传输，亦可通过直接连接英特尔处理器集成图形核心进行 DisplayPort 显示输出。Thunderbolt 的控制芯片，是系统中必不可少的。但英特尔表示，它的硬件不需要英特尔的处理器和芯片组配合使用。它更像一种微型路由器，可以迅速地在两个双向通道的数据之间切换。

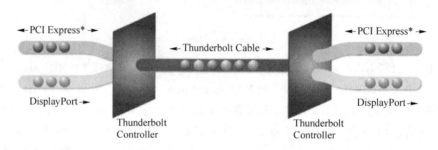

图 4-10　Thunderbolt 工作原理

Thunderbolt 采用了专用接口。该接口的物理外观和原有 Mini DsiplayPort 接口相同，适用于各种轻型、小型各类设备，兼容 DisplayPort 接口的显示设备，Mini DP 接口的显示器以及 Mini DP 至 HDMI/DVI/VGA 等接口的转接头都可以在 Thunderbolt 接口上正常使用，可传输 1 080 p 乃至超高清视频和最多八声道音频。Thunderbolt 能否向后或向前兼容取决于所使用的线缆。向后可以兼容 PCI Express 2.0 的 I/O 控制系统，不过英特尔对 USB 3.0 没有置评。而向前兼容方面，自然就是越新越好，可以发现 Macbook Pro 上的新端口已经为光纤传输做好了准备，这样也更符合成本效益。设备连接方面，Thunderbolt 技术支持以 Daisy-Chain 菊花链形式将 7 台设备连接在一起（也就是苹果所说的 MacBook Pro 可串联 6 台外设，包括最多 2 个的全高清 DisplayPort 显示输出），不过要求 DIsplayPort 1.1 设备必须位于链路末端。

Thunderbolt 带来的变化如下。

① 数据传输速度高达 10 Gbit/s，为 USB 2.0 的 20 倍。从实用性的角度来讲，这意味着你可以在 30 秒内传输完一整张蓝光光盘，或者在几秒钟的时间内传输完 2 GB 的视频。

② 它拥有上行和下行两个独立的传输通道，支持"菊花链"（Daisy-Chaining）多设备，所以可以同时在多个设备之间交换视频。

③ 它将兼容大量设备：一个 Thunderbolt 接口既支持相对较新的 DisplayPort 显示器接口，也支持硬盘等设备所使用的 PCI Express 接口。支持 PCI 意味着可以非常容易地开发其他接口的适配器，例如 Thunderbolt 和以太网转换器，或 Thunderbolt 和火线转换器等。

第四节　互联网传输

远距离传输在物理空间上对传输技术提出了挑战。有线传输离不开线形的传输介质,而线形传输介质根据其特性的不同,具有不同的成本、带宽与可靠性等特征。由于远距离有线传输线路铺设的成本高,对于带宽和可靠性要求也十分严格,故在物联网中远距离有线传输一般依赖现有的互联网有线传输线路。

1. ISP 网络

(1) 定义

ISP(Internet Service Provider)是互联网服务提供商,向广大用户综合提供互联网接入业务、信息业务和增值业务的电信运营商。互联网供应商所提供的服务可以很广泛。

(2) 标准及分类

① 拨号连线

拨号上网是指通过本地电话线经由调制解调器连接互联网,于 20 世纪 90 年代网络刚兴起时比较普及,因速度较慢,渐被宽带连接所取代。只要用户拥有一台个人计算机、一个外置或内置的调制解调器(Modem)和一根电话线,再向本地 ISP 供应商申请自己的账号,或购买上网卡,拥有自己的用户名和密码后,然后通过拨打 ISP 的接入号连接到 Internet 上。

早期的拨号上网利用 PSTN(Published Switched Telephone Network,公用电话交换网)技术,通过一台调制解调器(Modem)拨号,借助电话网络实现用户接入 Internet。拨号上网方式具有简单易行、经济实用的特点,只要家里有计算机,把电话线接入 Modem就可以直接上网。

早期的拨号上网方式由于带宽很小(56 kbit/s),且上网时需要占用话路导致不能进行正常通话,故逐渐被 ADSL 取代。

② 综合业务数字网(ISDN)

综合业务数字网(Integrated Services Digital Network,ISDN)是一个数字电话网络国际标准,是一种典型的电路交换网络系统(Circuit-Switching Network)。它通过普通的铜缆以更高的速率和质量传输语音和数据。

因为 ISDN 是全部数字化的电路(只有 0 和 1 这两种状态),所以它能够提供稳定的数据服务和连接速度,不像模拟线路那样受干扰比较明显。在数字线路上更容易开展更多的模拟线路,无法或者比较困难保证质量的数字信息业务。

除了基本的打电话功能之外,ISDN 还能提供视频、视像会议、图像、传真、远距教学、个人计算机通信与数据服务。ISDN 需要一条全数字化的网络用来承载数字信号,故又称作"一线通"。

③ ADSL

ADSL,全名 Asymmetric Digital Subscriber Line。中译非对称数字用户线路,或作非对称数字用户环路(Asymmetric Digital Subscriber Loop)。ADSL 因为上行(从用户

到电信服务提供商方向,如上传动作)和下行(从电信服务提供商到用户的方向,如下载动作)带宽不对称(即上行和下行的速率不相同)因此称为非对称数字用户线路。它采用频分复用技术把普通的电话线分成了电话、上行和下行三个相对独立的信道,从而避免了相互之间的干扰。通常 ADSL 在不影响正常电话通信的情况下可以提供最高 3.5 Mbit/s 的上行速度和最高 24 Mbit/s 的下行速度。

ADSL 通常提供三种网络登录方式:桥接;PPPoA(PPP over ATM,基于 ATM 的端对端协议);PPPoE(PPP over Ethernet,基于以太网的端对端协议)。桥接是直接提供静态 IP,而后两种通常不提供静态 IP,是动态地给用户分配网络地址。

ADSL 作为近年来广泛采用的互联网接入方式,普及程度很高。在国内,由于互联网服务提供商往往自有电话网络(如中国联通、中国电信等早期以运营电话网为主的通信公司),其用户的 ADSL 接入可在既有的电话网络上实现。这种复用电话线路的方式大大降低了额外的线路铺设的成本,使得大多数普通用户拥有快速、低成本的接入互联网的能力。

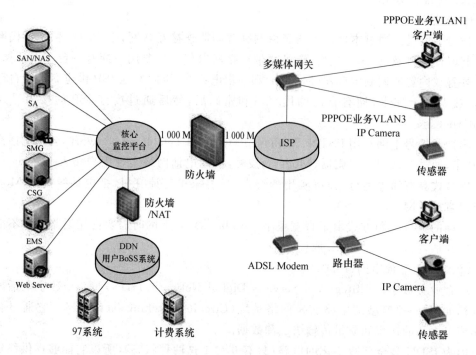

图 4-11 ADSL 网络结构

④ 专线(Leased Line)

通过专线提供给用户接入公共网络的桥梁。一般的专线有电话专线、分组网专线、DDN 专线、ISDN 专线、帧中继专线。

2. 电力线通信

(1) 定义

电力线通信全称是电力线载波(Power Line Carrier,PLC)通信,是指利用高压电力线(在电力载波领域通常指 35 kV 及以上电压等级)、中压电力线(指 10 kV 电压等级)或低压配电线(380/220 V 用户线)作为信息传输媒介进行语音或数据传输的一种特殊通信方式。高压电力线载波技术已经突破了仅限于单片机应用的限制,已经进入了数字化时代,并且随着电力线载波技术的不断发展和社会的需要,中/低压电力载波通信的技术开发及应用亦出现了方兴未艾的局面。

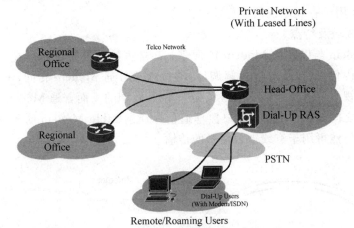

图 4-12　一种专线的网络结构

电力线通信通常采用的调试方式为 OFDM,即正交频分复用。OFDM 是在严重电磁干扰的通信环境下保证数据稳定完整传输的技术措施,HpmePLUG 1.0 的规范覆盖 4～21 MHz 的通信频段,在这个频段内划分了 84 个 OFDM 通信信道。OFDM 的原理是几个通信信道按 90 度的相位作频分,这样的结果是当某一个信道波形过零点时相邻信道的波形恰好是幅值最大值,这样就保证了信道间的波形不会因外来的干扰而交叠、串扰。

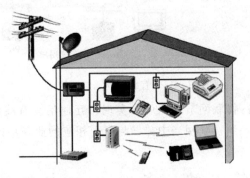

图 4-13　电力线通信原理图

(2) 应用领域及特点

该技术最大的优势是不需要重新布线,在现有电线上实现数据语音和视频等多业务的承载,实现四网合一,终端用户只需要插上电源插头,就可以实现因特网接入电视频道接收节目,打电话或者是可视电话。该技术适合没有专门铺设 ISP 线路的场所使用。

3. 数字电视网络

(1) 定义

数字电视,是播出、传输、接收等环节中全面采用数字信号的电视系统,与模拟电视相对。数字电视系统可以传送多种业务,如高清晰度电视、标准清晰度电视、智能型电视及数字业务等。

通过数字电视网络,物联网中的节点可以实现数据的传输。电缆调制解调器又名线缆调制解调器,英文名称 Cable Modem,简称 CM。它是近几年随着网络应用的扩大而发展起来的,主要用于有线电视网进行数据传输。

(2)应用领域及特点

Cable Modem 与以往的 Modem 在原理上都是将数据进行调制后在 Cable(电缆)的一个频率范围内传输、接收时进行解调,传输机理与普通 Modem 相同,不同之处在于它是通过有线电视 CATV 的某个传输频带进行调制解调的。而普通 Modem 的传输介质在用户与交换机之间是独立的,即用户独享通信介质。Cable Modem 属于共享介质系统,其他空闲频段仍然可用于有线电视信号的传输。

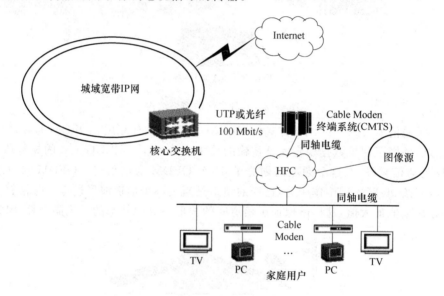

图 4-14　有线电视宽带结构图

通过有线电视网络,物联网节点间可以实现相互通信。有线电视本身又可以作为一个物联网终端节点,接入到物联网当中并参与实现相应的业务功能。

第五节　无线短距离传输

近年来,伴随网络及通信技术的不断发展与物联网产业的快速崛起,无线传输技术在移动通信、综合宽带服务、智能交通、智能电网、金融、医疗、地质勘探、气象监测、水利调度等领域得到了广泛应用。

有线网络在物理上需要遵守严格的网络拓扑,如星状网、环状网、树状网、网状网等。这样的网络拓扑使得其线路铺设复杂、难度大、成本高。不仅如此,随着移动终端设备的飞速发展,网络中的节点不在仅仅包含固定的设备,大量的移动设备如手机、Pad、笔记本以及位于移动物体上的传感器也能够加入到物联网当中。这样的终端节点对于物联网的物理实现提出了重大的挑战，而无线传输方式能较好地弥补有线传输的弱点。

目前，使用较广泛的近距无线通信技术是 Bluetooth、ZigBee、无线局域网 802.11、Wi-Fi 等。它们都各自具有其应用上的特点，在传输速度、距离、耗电量等方面的要求不同，或着眼于功能的扩充性，或符合某些单一应用的特别要求，或建立竞争技术的差异化等。但是还没有一种技术可以完美到足以满足物联网的所有需求。

1. Bluetooth

（1）定义

蓝牙（Bluetooth），是一种无线个人局域网（Wireless PAN），最初由爱立信创制，后来由蓝牙技术联盟订定技术标准。蓝牙的标志是（Hagall）和（Bjarkan）的组合。

图 4-15　蓝牙的标志

（2）标准及分类

1998 年 5 月，爱立信、诺基亚、东芝、IBM 和英特尔公司等五家著名厂商，在联合开展短程无线通信技术的标准化活动时提出了蓝牙技术，其宗旨是提供一种短距离、低成本的无线传输应用技术。这五家厂商还成立了蓝牙特别兴趣组，以使蓝牙技术能够成为未来的无线通信标准。芯片霸主 Intel 公司负责半导体芯片和传输软件的开发，爱立信负责无线射频和移动电话软件的开发，IBM 和东芝负责笔记本式计算机接口规格的开发。1999 年下半年，著名的业界巨头微软、摩托罗拉、三星、朗讯与蓝牙特别小组的五家公司共同发起成立了蓝牙技术推广组织，从而在全球范围内掀起了一股"蓝牙"热潮。全球业界即将开发一大批蓝牙技术的应用产品，使蓝牙技术呈现出极其广阔的市场前景，并预示着 21 世纪初将迎来波澜壮阔的全球无线通信浪潮。蓝牙和当时流行的红外线技术相比，蓝牙有着更高的传输速度，而且不需要像红外线那样进行接口对接口的连接，所有蓝牙设备基本上只要在有效通信范围内使用，就可以进行随时连接。

截至 2010 年 7 月，蓝牙共有六个版本 V1.1/1.2/2.0/2.1/3.0/4.0。以通信距离来看，在不同版本可再分为 Class A/Class B。

① 蓝牙 V1.1

蓝牙 V1.1 为最早期版本，传输速率约在 748～810 kbit/s，因是早期设计，容易受到同频率之产品所干扰下影响通信质量。

② 蓝牙 V1.2

蓝牙 V1.2 传输速率同样为 748～810 kbit/s，但在 V1.1 的基础之上增加了 AFH 可调式调频技术，并主要针对现有蓝牙协议和 802.11b/g 之间的互相干扰问题进行了全面地改进，并增强了语音处理，改善了语音连接的品质，并能更快速地连接设置。

无论 V1.1/V1.2 版本的蓝牙产品，本身基本可支持立体声音效的传输，但只能够以单工方式工作，加上音带频率响应不足，并不算是最好的立体声传输方式。

③ 蓝牙 V2.0

蓝牙 V 2.0 是 1.2 的改良提升版,传输率约在 1.8～2.1 Mbit/s,可以双工的方式工作,即一面作语音通信,同时亦可以传输文件/高像素图片,V2.0 也支持立体声传输。

应用最为广泛的是 Bluetooth 2.0＋EDR 标准,该标准在 2004 年已经推出,支持 Bluetooth 2.0＋EDR 标准的产品也于 2006 年大量出现。虽然 Bluetooth 2.0＋EDR 标准在技术上作了大量的改进,但从 1.X 标准延续下来的配置流程复杂和设备功耗较大的问题依然存在。

④ 蓝牙 V2.1

为了改善蓝牙技术存在的问题,蓝牙 SIG 组织(Special Interest Group)推出了 Bluetooth 2.1＋EDR 版本的蓝牙。该版本改善了装置配对流程,改进过后的配对过程会自动使用数字密码来进行配对与连接;该版本将 NFC 技术与蓝牙相结合,两台支持 NFC 的设备可以通过 NFC 的方式进行蓝牙配对;该版本更加省电,蓝牙 2.1 版加入了 Sniff Subrating 的功能,透过设定在 2 个装置之间互相确认讯号的发送间隔来达到节省功耗的目的,将装置之间相互确认的讯号发送时间间隔从旧版的 0.1 秒延长到 0.5 秒左右,如此可以让蓝牙芯片的工作负载大幅降低,也可让蓝牙可以有更多的时间可以彻底休眠,采用此技术之后,蓝牙装置在开启蓝牙联机之后的待机时间可以有效延长 5 倍以上。

⑤ 蓝牙 V3.0

蓝牙 3.0 根据 802.11 适配层协议应用了 Wi-Fi 技术,极大提高了传输速度。这样,蓝牙 3.0 设备将能通过 Wi-Fi 连接到其他设备进行数据传输。

蓝牙 V3.0 的数据传输速率提高到了大约 24 Mbit/s,是蓝牙 2.1 的 8 倍,可以轻松用于录像机至高清电视、PC 至 PMP、UMPC 至打印机之间的资料传输。现有的配备蓝牙 2.1 的模块的 PC、笔记本可以通过升级固件来支持新的无线技术蓝牙 3.0。

功耗方面,通过蓝牙 3.0 高速传送大量数据自然会消耗更多能量,但由于引入了增强电源控制(EPC)机制,再辅以 802.11,实际空闲功耗会明显降低,蓝牙设备的待机耗电问题有望得到初步解决。事实上,蓝牙联盟也正在着手制定新规范的低功耗版本。

⑥ 蓝牙 V4.0

蓝牙 4.0 是 2012 年最新的蓝牙版本,是 3.0 的升级版本;较 3.0 版本更省电、成本低、3 毫秒低延迟、超长有效连接距离、AES-128 加密等;通常用在蓝牙耳机、蓝牙音箱等设备上。

蓝牙 4.0 最重要的特性是省电科技,极低的运行和待机功耗可以使一粒纽扣电池连续工作数年之久。此外,低成本和跨厂商互操作性,3 毫秒低延迟、100 米以上超长距离、AES-128 加密等诸多特色,可以用于计步器、心率监视器、智能仪表、传感器物联网等众多领域,大大扩展蓝牙技术的应用范围。

蓝牙 4.0 是蓝牙 3.0＋HS 规范的补充,专门面向对成本和功耗都有较高要求的无线方案,可广泛用于卫生保健、体育健身、家庭娱乐、安全保障等诸多领域。

它支持两种部署方式:双模式和单模式。双模式中,低功耗蓝牙功能集成在现有的经典蓝牙控制器中,或再在现有经典蓝牙技术(2.1＋EDR/3.0＋HS)芯片上增加低功耗堆栈,整体架构基本不变,因此成本增加有限。单模式面向高度集成、紧凑的设备,使用一个轻量级连接层(Link Layer)提供超低功耗的待机模式操作、简单设备恢复和可靠的点对多点数据传输,还能让联网传感器在蓝牙传输中安排好低功耗蓝牙流量的次序,同时还有高级节能和安全加密连接。

Class A/Class B 为通信距离版本。Class A 是用在大功率/远距离的蓝牙产品上,但因成本高和耗电量大,不适合作个人通信产品之用(手机/蓝牙耳机/蓝牙 Dongle 等),故多用在部分商业特殊用途上,通信距离大约在 $80\sim100$ m 距离之间。ClassB 是最流行的制式,通信距离大约在 $8\sim30$ m 之间,视产品的设计而定,多用于手机内/蓝牙耳机/蓝牙 Dongle 的个人通信产品上,耗电量和体积较小,方便携带。

拿蓝牙与 Wi-Fi 相比是不适当的,因为 Wi-Fi 是一个更加快速的协议,覆盖范围更大。虽然两者使用相同的频率范围,但是 Wi-Fi 需要更加昂贵的硬件。蓝牙被用来在不同的设备之间创建无线连接,而 Wi-Fi 是个无线局域网协议。两者的目的是不同的。

(3) 应用领域及特点

Bluetooth 无线技术是在两个设备间进行无线短距离通信的最简单、最便捷的方法。它广泛应用于世界各地,可以无线连接手机、便携式计算机、汽车、立体声耳机、MP3 播放器等多种设备。由于有了"配置文件"这一独特概念,Bluetooth 产品不再需要安装驱动程序软件。此技术现已推出第四版规格,并在保持其固有优势的基础上继续发展——小型化无线电、低功率、低成本、内置安全性、稳固、易于使用并具有即时联网功能。其周出货量已超过五百万件,已安装基站数超过 5 亿个。

① 全球可用

Bluetooth 无线技术规格可供全球的成员公司免费使用。许多行业的制造商都积极地在其产品中实施此技术,以减少使用零乱的电线,实现无缝连接、流传输立体声、传输数据或进行语音通信。Bluetooth 技术在 2.4 GHz 波段运行,该波段是一种无须申请许可证的工业、科技、医学(ISM)无线电波段。正因如此,使用 Bluetooth 技术不需要支付任何费用。但必须向手机提供商注册使用 GSM 或 CDMA,除了设备费用外,不需要为使用 Bluetooth 技术再支付任何费用。

② 设备范围广泛

Bluetooth 技术得到了空前广泛的应用,集成该技术的产品从手机、汽车到医疗设备,使用该技术的用户从消费者、工业市场到企业等,不一而足。低功耗、小体积以及低成本的芯片解决方案使得 Bluetooth 技术甚至可以应用于极微小的设备中。请在 Bluetooth 产品目录和组件产品列表中查看我们的成员提供的各类产品大全。

③ 易于使用

Bluetooth 技术是一项即时技术,它不要求固定的基础设施,且易于安装和设置,不需要电缆即可实现连接。新用户使用亦不费力,只需拥有 Bluetooth 品牌产品,检查可用的配置文件,将其连接至使用同一配置文件的另一 Bluetooth 设备即可。后续的 PIN 码流程就如同在 ATM 机器上操作一样简单。外出时,用户可以随身带上个人局域网(PAN),甚至可以与其他网络连接。

④ 具备通用的规格

Bluetooth 无线技术是当今市场上支持范围最广泛、功能最丰富且安全的无线标准。

全球范围内的资格认证程序可以测试成员的产品是否符合标准。自 1999 年发布 Bluetooth 规格以来，总共有超过 4 000 家公司成为 Bluetooth 特别兴趣小组（SIG）的成员。同时，市场上 Bluetooth 产品的数量也成倍地迅速增长。产品数量已连续四年成倍增长，安装的基站数量在 2005 年年底也可能达到 5 亿个。

2. ZigBee

（1）定义

ZigBee 主要应用在短距离并且数据传输速率不高的各种电子设备之间。ZigBee 联盟成立于 2001 年 8 月。2002 年下半年，Invensys、Mitsubishi、Motorola 和 Philips 半导体公司四大巨头共同宣布加盟 ZigBee 联盟，以研发名为 ZigBee 的下一代无线通信标准。所有这些公司都参加了负责开发 ZigBee 物理和媒体控制层技术标准的 IEEE 802.15.4 工作组。

图 4-16 ZigBee 的标志

ZigBee 联盟负责制定网络层以上协议。目前，标准制订工作已完成。ZigBee 协议比蓝牙、高速率个人区域网或 802.11x 无线局域网更简单实用。

ZigBee 可以说是蓝牙的同族兄弟，它使用 2.4 GHz 波段，采用跳频技术。与蓝牙相比，ZigBee 更简单、速率更慢、功率及费用也更低。它的基本速率是 250 kbit/s，当降低到 28 kbit/s 时，传输范围可扩大到 134 m，并获得更高的可靠性。另外，它可与 254 个节点联网，可以比蓝牙更好地支持游戏、消费电子、仪器和家庭自动化应用。

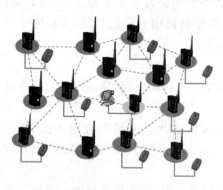

图 4-17 ZigBee 网络示意图

（2）应用领域及特点

ZigBee 技术特点主要包括以下几个部分。

① 数据传输速率低。只有 10～250 kbit/s，专注于低速率传输应用。

② 功耗低。在待机模式下，两节普通 5 号干电池可使用 6 个月以上，这也是 ZigBee 的一个独特优势。

③ 成本低。因为 ZigBee 数据传输速率低,协议简单,所以大大降低了成本;积极投入 ZigBee 开发的 Motorola 和 Philips,均已推出应用芯片。据 Philips 估计,应用于主机端的芯片成本和其他终端产品的成本比蓝牙更具价格竞争力。

④ 网络容量大。每个 ZigBee 网络最多可以支持 255 个设备,也就是说每个 ZigBee 设备可以与另外 254 台设备相连接。

⑤ 有效范围小。有效覆盖范围 10～75 m 之间,具体依据实际发射功率的大小和各种不同的应用模式而定,基本上能够覆盖普通的家庭或办公室环境。

⑥ 工作频段灵活。使用的频段分别为 2.4 GHz、868 MHz(欧洲)和 915 MHz(美国),均为免执照频段。

简单地说,ZigBee 是一种高可靠的无线数传网络,类似于 CDMA 和 GSM 网络。ZigBee 数传模块类似于移动网络基站。通信距离从标准的 75 m 到几百米、几千米,并且支持无限扩展。

ZigBee 是一个由可多到 65 000 个无线数传模块组成的一个无线数传网络平台,在整个网络范围内,每一个 ZigBee 网络数传模块之间可以相互通信,每个网络节点间的距离可以从标准的 75 m 无限扩展。

与移动通信的 CDMA 网或 GSM 网不同的是,ZigBee 网络主要是为工业现场自动化控制数据传输而建立。因而,它必须具有简单、使用方便、工作可靠、价格低的特点。而移动通信网主要是为语音通信而建立,每个基站价值一般都在百万元人民币以上,而每个 ZigBee"基站"却不到 1 000 元人民币。每个 ZigBee 网络节点不仅本身可以作为监控对象,例如其所连接的传感器直接进行数据采集和监控,还可以自动中转别的网络节点传过来的数据资料。除此之外,每一个 ZigBee 网络节点(FFD)还可在自己信号覆盖的范围内,和多个不承担网络信息中转任务的孤立的子节点(RFD)无线连接。

无线传感器网络节点要进行相互的数据交流就要有相应的无线网络协议(包括 MAC 层、路由、网络层、应用层等),传统的无线协议很难适应无线传感器的低花费、低能量、高容错性等的要求,这种情况下,ZigBee 协议应运而生。ZigBee 的基础是 IEEE 802.15.4。但 IEEE 仅处理低级 MAC 层和物理层协议,因此 ZigBee 联盟扩展了 IEEE,对其网络层协议和 API 进行了标准化。ZigBee 是一种新兴的短距离、低速率的无线网络技术,主要用于近距离无线连接。它有自己的协议标准,在数千个微小的传感器之间相互协调实现通信。这些传感器只需要很少的能量,以接力的方式通过无线电波将数据从一个传感器传到另一个传感器,所以它们的通信效率非常高。ZigBee 是一个由可多到 65 000 个无线数传模块组成的一个无线数传网络平台,十分类似现有的移动通信的 CDMA 网或 GSM 网,每一个 ZigBee 网络数传模块类似移动网络的一个基站,在整个网络范围内,它们之间可以进行相互通信;每个网络节点间的距离可以从标准的 75 m,到扩展后的几百米,甚至几千米;另外整个 ZigBee 网络还可以与现有的其他的各种网络连接。通常,符合如下条件之一的应用,就可以考虑采用 ZigBee 技术做无线传输:需要数据采集或监控的网点多;要求传输的数据量不大,而要求设备成本低;要求数据传输可靠性高,安全性高;设备体积很小,不便放置较大的充电电池或者电源模块;电池供电;地形复杂,监测点多,需要较大的网络覆盖;现有移动网络的覆盖盲区;使用现存移动网络进行低数据量传输的遥测遥控系统;使用 GPS 效果差,或成本太高的局部区域移动目标的定位应用。值得注意的是,在已经发布的 ZigBee V1.0 中并没有规定具体的路由协议,具体协议由协议栈实现。

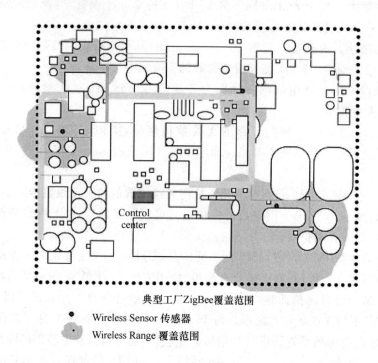

典型工厂ZigBee覆盖范围

Wireless Sensor 传感器
Wireless Range 覆盖范围

图 4-18　典型工厂 ZigBee 覆盖范围

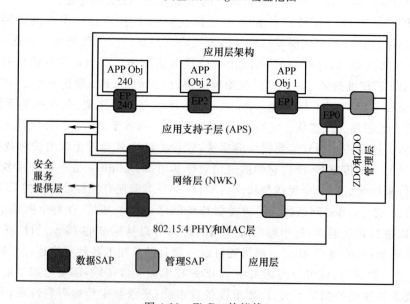

图 4-19　ZigBee 协议栈

在自组织 ZigBee 网络中,每个节点只和其临近节点通信,从一个节点发出的数据包将根据相关协议的配置多跳传递到目的节点,这种结构与传统网络结构相比具有较多的优势:可靠性提高、冲突减轻、维护方便、具有自组织性、多跳通信、动态性等。自组织 Zig-Bee 网络[7]具有一定的动态性,网络中的传感器、感知对象和观察者这三要素都可能具有移动性,并且经常有新节点加入或已有节点失效。因此,网络的拓扑结构会经常动态变化,传感器、感知对象和观察者三者之间的路径也随之变化,另外无线传感器网络必须具有可重构和自调整性。网络中节点通信距离有限,一般在几百米范围内。如果希望与其射频覆盖范围之外的节点进行通信,则需要通过中间节点进行路由。固定网络的多跳路由使用网关和路由器来实现,而无线传感器网络中的多跳路由是由普通网络节点完成的,没有专门的路由设备。

ZigBee 并不是用来与蓝牙或者其他已经存在的标准竞争,它的目标定位于现存的系统还不能满足其需求的特定的市场,它有着广阔的应用前景。ZigBee 联盟预言,在未来的四到五年,每个家庭将拥有 50 个 ZigBee 器件,最后将达到每个家庭 150 个。据估计,到 2007 年 ZigBee 市场价值将达到数亿美元。其应用领域主要包括如下几个方面。

① 家庭和楼宇网络:空调系统的温度控制、照明的自动控制、窗帘的自动控制、煤气计量控制、家用电器的远程控制等。

② 工业控制:各种监控器、传感器的自动化控制。

③ 商业:智慧型标签等。

④ 公共场所:烟雾探测器等。

⑤ 农业控制:收集各种土壤信息和气候信息。

⑥ 医疗:老人与行动不便者的紧急呼叫器和医疗传感器等。

3. Wi-Fi

(1)定义

Wi-Fi(Wireless Fidelity,无线高保真)是一种无线通信协议(IEEE 802.11b),Wi-Fi 的传输速率最高可达 11 Mbit/s,虽然在数据安全性方面比蓝牙技术要差一些,但在无线电波的覆盖范围方面却略胜一筹,可达 100 m 左右。

图 4-20 Wi-Fi 的标志

Wi-Fi 是以太网的一种无线扩展,理论上只要用户位于一个接入点四周的一定区域内,就能以最高约 11 Mbit/s 的速率接入互联网。实际上,如果有多个用户同时通过一个点接入,带宽将被多个用户分享,Wi-Fi 的连接速度会降低到只有几百 kbit/s。另外,Wi-Fi 的信号一般不受墙壁阻隔的影响,但在建筑物内的有效传输距离要小于户外。

(2)标准及分类

最初的 IEEE 802.11 规范是在 1997 年提出的,称为 802.11b,主要目的是提供 WLAN 接入,也是目前 WLAN 的主要技术标准,它的工作频率是 2.4 GHz,与无绳电话、蓝牙等许多不需频率使用许可证的无线设备共享同一频段。随着 Wi-Fi 协议新版本如 802.11a 和 802.11g 的先后推出,Wi-Fi 的应用将越来越广泛。速度更快的 802.11g 使用与 802.11b 相同的正交频分多路复用调制技术,它也工作在 2.4 GHz 频段,速率达

54 Mbit/s。根据最新的发展趋势判断,802.11g 将有可能被大多数无线网络产品制造商选择作为产品标准。微软推出的桌面操作系统 Windows XP 和嵌入式操作系统 Windows CE,都包含了对 Wi-Fi 的支持。

① IEEE 802.11b

802.11b 是一种 11 Mbit/s 无线标准,可为笔记本式计算机或桌面式计算机用户提供完全的网络服务。802.11b 使用的是开放的 2.4 GHz 频段,不需要申请就可使用。既可作为对有线网络的补充,也可独立组网,从而使网络用户摆脱网线的束缚,实现真正意义上的移动应用。

② IEEE 802.11g

IEEE 802.11g 物理层理论传输速率为 54 Mbit/s。与以前的 IEEE 802.11 协议标准相比,IEEE 802.11g 草案有以下两个特点:在 2.4 GHz 频段使用正交频分复用(OFDM)调制技术,使数据传输速率提高到 20 Mbit/s 以上;能够与 IEEE 802.11b 的 Wi-Fi 系统互联互通,可共存于同一 AP 的网络里,从而保障了后向兼容性。这样原有的 WLAN 系统可以平滑地向高速 WLAN 过渡,延长了 IEEE 802.11b 产品的使用寿命,降低了用户的投资。

③ IEEE 802.11n

为了实现高带宽、高质量的 WLAN 服务,使无线局域网达到以太网的性能水平,802.11 任务组 N(TGn)应运而生。802.11n 标准至 2009 年才得到 IEEE 的正式批准,但采用 MIMO OFDM 技术的厂商已经很多,包括 D-Link、Airgo、Bermai、Broadcom、杰尔系统、Atheros、思科、Intel 等,产品包括无线网卡、无线路由器等,而且已经大量在 PC、笔记本式计算机中应用。

802.11n 主要是结合物理层和 MAC 层的优化来充分提高 WLAN 技术的吞吐。主要的物理层技术涉及了 MIMO、MIMO-OFDM、40 MHz、Short GI 等技术,从而将物理层吞吐提高到 600 Mbit/s。如果仅仅提高物理层的速率,而没有对空口访问等 MAC 协议层的优化,802.11n 的物理层优化将无从发挥。就好比即使建了很宽的马路,但是车流的调度管理如果跟不上,仍然会出现拥堵和低效。所以 802.11n 对 MAC 采用了 Block 确认、帧聚合等技术,大大提高 MAC 层的效率。

在传输速率方面,802.11n 可以将 WLAN 的传输速率由目前 802.11a 和 802.11g 提供的 54 Mbit/s,提高到 300 Mbit/s 甚至高达 600 Mbit/s。得益于将 MIMO(多入多出)与 OFDM(正交频分复用)技术相结合而应用的 MIMO OFDM 技术,提高了无线传输质量,也使传输速率得到极大提升。

在覆盖范围方面,802.11n 采用智能天线技术,通过多组独立天线组成的天线阵列,可以动态调整波束,保证让 WLAN 用户接收到稳定的信号,并可以减少其他信号的干扰。因此,其覆盖范围可以扩大到好几平方千米,使 WLAN 移动性极大提高。

在兼容性方面,802.11n 采用了一种软件无线电技术,它是一个完全可编程的硬件平台,使得不同系统的基站和终端都可以通过这一平台的不同软件实现互通和兼容,这使得 WLAN 的兼容性得到极大改善。这意味着 WLAN 将不但能实现 802.11n 向前后兼容,而且可以实现 WLAN 与无线广域网络的结合,比如 3G。

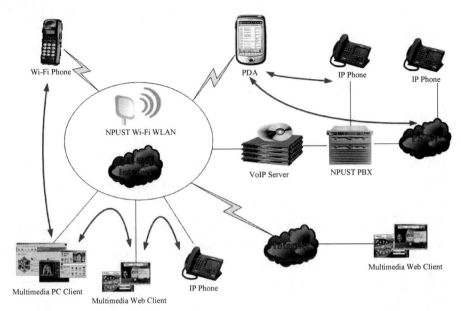

图 4-21　Wi-Fi 网络应用

（3）应用领域及特点

Wi-Fi 的应用领域包括如下几个方面。

① 笔记本上网。笔记本可以不再使用有线的 RJ45 接口,采用内置的无线网卡接入到 Wi-Fi 网络中上网。

② 移动终端上网。如今的手机大多已经内置 Wi-Fi 模块,使用手机可以轻松接入到 Wi-Fi 网络中。相比于移动网络而言,Wi-Fi 网络能提供更稳定、更快速的网络连接。但受限于其有限的工作范围,移动终端只能在路由器覆盖的较小范围内接入到 Wi-Fi 网络当中。

③ 点对点网络。点对点模式,即 Ad-Hoc 模式。Ad Hoc 网络是一种特殊的无线移动网络。网络中所有结点的地位平等,无须设置任何的中心控制结点。网络中的结点不仅具有普通移动终端所需的功能,而且具有报文转发能力。与普通的移动网络和固定网络相比,它具有以下特点:无中心、自组织、多跳路由、动态拓扑。由于 Ad Hoc 网络的特殊性,它的应用领域与普通的通信网络有着显著的区别。它适合被用于无法或不便预先铺设网络设施的场合、需快速自动组网的场合等。针对 Ad Hoc 网络的研究是因军事应用而发起的。因此,军事应用仍是 Ad Hoc 网络的主要应用领域,但是民用方面,Ad Hoc 网络也有非常广泛的应用前景。

Wi-Fi 的技术特点主要包括以下几个部分。

① 传输速率高。最高可达 11 Mbit/s。

② 功耗高。通常为达到无线区域网的应用要求,比起其他一些标准 Wi-Fi 相当地耗电,这使移动设备的电池使用寿命备受关注。

③ 网络容量大。目前无线网络容量最高的还是 Wi-Fi 技术。

④ 网络范围依然有限。在建筑物内的有效传输距离要小于户外。

⑤ 工作频段。Wi-Fi 产品工作在 2.4 GHz 或者 5 GHz 频段,这些频段不需要政府授权,个人可以免费使用。

第六节　无线长距离传输

1. GPRS

（1）定义

GPRS(General Packet Radio Service)为通用分组无线业务的简称,是欧洲电信协会 GSM 系统中有关分组数据所规定的标准。

GPRS,通用无线分组业务是一种基于 GSM 系统的无线分组交换技术,提供端到端的、广域的无线 IP 连接。GPRS 充分利用共享无线信道,采用 IP over PPP 实现数据终端的高速、远程接入。作为现有 GSM 网络向第三代移动通信演变的过渡技术(2.5 G),GPRS 在许多方面都具有显著的优势。

GPRS 区别于旧的电路交换连接,电路交换连接在 Release 97 之前就已经包含进 GSM 标准中。在旧有系统中一个数据连接要创建并保持一个电路连接,在整个连接过程中这条电路被独占直到连接被拆除。GPRS 基于分组交换,也就是说多个用户可以共享一个相同的传输信道,每个用户只有在传输数据的时候才会占用信道。这就意味着所有的可用带宽可以立即分配给当前发送数据的用户,这样更多的间隙发送或者接受数据的用户可以共享带宽。Web 浏览、收发电子邮件和即时消息都是共享带宽的间歇传输数据的服务。

基于 GPRS 的报文数据交换使用未使用的蜂窝网络带宽传输数据。而作为专门为电话系统设计的语音信道(或者数据信道)一旦被报文数据交换使用,将降低可用带宽,其结果是如果在一个忙碌的电话域内,报文传输速度极慢。理论上报文数据交换速度是大约 170 kbit/s,而实际速度是 30～70 kbit/s。在 GPRS 的射频部分的改进,取名为 EDGE 技术,将支持从 20～200 kbit/s 的更高速度传输。最大数据速率取决于同时分配到的 TDMA 帧的时隙。因此,数据速率越高,纠错可靠性就越低。

表 4-1　电路型数据业务与分组型数据业务对比

对比内容	电路型数据业务(9.6 kbit/s 以下数据业务及 HSCSD)	分组型数据业务(GPRS)
无线信道	专用,最多 4 个时隙捆绑(固定占用时隙)	共享,最多 8 个时隙捆绑,动态时隙分配
链路建立时间	呼叫建立时间长	短,有"永远在线"之称
传输时延	短,适合于实时性强的业务	适度的传输时延
传输速率	从小于 9.6 kbit/s 到 57.6 kbit/s	最大 171.2 kbit/s
网络升级费用	初期投资少,需增加 IWF 单元及对 BTS/BSC 进行软件升级	费用较大,需增加网络设备,但节省基站投资
提供相同业务代价	价格昂贵,占用系统资源多	价格较便宜,占用系统资源少

（2）应用领域及特点

GPRS 提升了 GSM 的数据服务性能。

① 点到点(P2P)服务:连接(IP Protocols)IP 网络和 X.25 网络。

② 多播(P2MP)服务:一点到多点的组播和多方通话。

③ 短信服务(SMS):发送 SMS。

④ 多媒体短信(MMS):发送携带语音和图像信息的短消息。

⑤ 因特网服务提供商服务:提供互联网内容服务。

⑥ 邮件服务:通过 POP3 或者 IMAP 协议检查阅读发送电子邮件。

⑦ 匿名服务:匿名访问预定服务。

⑧ 未来功能:灵活加入新的功能,例如更大容量、更多用户、新的资源和无线网络。

GPRS 应用主要分为面向个人用户的横向应用和面向集团用户的纵向应用两种。对于横向应用,GPRS 可提供网上冲浪、E-mail、文件传输、数据库查询、增强型短消息等业务。

对于纵向应用,GPRS 可提供以下几类应用。

① 运输业:车辆及智能调度。

② 金融、证券和商业:无线 POS、无线 ATM、自动售货机、流动银行等。

③ 实时发布股市动态、天气预报、交通信息等。

④ 公共安全业:随时随地接入远程数据库。

⑤ 遥测、遥感、遥控:如气象、水文系统收集数据,对灾害进行遥测和告警,远程操作。

⑥ 提供 VPN 业务:使企业员工能够随时随地与总部保持联系,降低公司建设自己的广域网的成本。

⑦ 提供以 GPRS 承载业务为基础的网络应用业务和基于 WAP 的各种应用。

GPRS 有下列特点。

① 可充分利用现有资源——中国移动全国范围的电信网络 GSM,方便、快速、低建设成本地为用户数据终端提供远程接入网络的部署。

② 传输速率高,GPRS 数据传输速度可达到 57.6 kbit/s,最高可达到 115～170 kbit/s,完全可以满足用户应用的需求,下一代 GPRS 业务的速度可以达到 384 kbit/s。

③ 接入时间短,GPRS 接入等待时间短,可快速建立连接,平均为 2 s。

④ 提供实时在线功能"AlwaysOnline",用户将始终处于连线和在线状态,这将使访问服务变得非常简单、快速。

⑤ 按流量计费,GPRS 用户只有在发送或接收数据期间才占用资源,用户可以一直在线,按照用户接收和发送数据包的数量来收取费用,没有数据流量的传递时,用户即使挂在网上也是不收费的。

2. EDGE

（1）定义

EDGE 全称 Enhanced Data Rate for GSM Evolution,中文含义是提高数据速率的 GSM 演进技术,可见它与 GPRS 一样,都是基于传统 GSM 网络的产物。在 3G 正式投入运行之前,EDGE 是基于 GSM 网络最高速的无线数据传输技术。

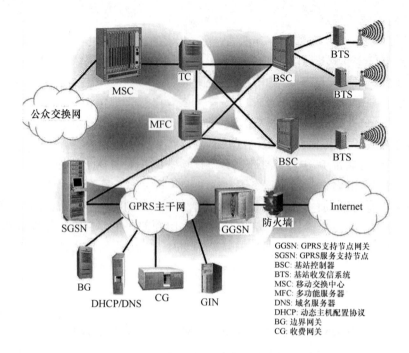

GGSN: GPRS支持节点网关
SGSN: GPRS服务支持节点
BSC: 基站控制器
BTS: 基站收发信系统
MSC: 移动交换中心
MFC: 多功能服务器
DNS: 域名服务器
DHCP: 动态主机配置协议
BG: 边界网关
CG: 收费网关

图 4-22　GPRS 网络结构

（2）应用领域及特点

该技术主要在于能够使用宽带服务，能够让使用 800、900、1 800、1 900 MHz 频段的网络提供第三代移动通信网络的部分功能，并且能大大改进目前在 GSM 和 TDMA/136 上提供的标准化服务。该技术可以提供 384 kbit/s 的广域数据通信服务和大约 2 Mbit/s 的局域数据通信服务，这样可以充分满足未来无线多媒体应用的带宽需求。EDGE 同样充分利用了现有的 GSM 资源，保护了对 GSM 作出的投资，目前已有的大部分设备都可以继续在 EDGE 中使用。

EDGE 的技术不同于 GSM 的优势在于：①8PSK 调制方式；②增强型的 AMR 编码方式；③MCS1～9 九种信道调制编码方式；④链路自适应（LA）；⑤递增冗余传输（IR）；⑥RLC 窗口大小自动调整。

表 4-2　GPRS、EDGE 对比

网络	速度		稳定性
	理论速率	理论下载速率	
EDGE	384～473 kbit/s	60 kbit/s	非常稳定
GPRS	171.2 kbit/s	20 kbit/s	一般

3. 3G

（1）定义

第三代移动通信技术（3rd-Generation，3G），是指支持高速数据传输的蜂窝移动通信技术。3G 服务能够同时传送声音及数据信息，速率一般在几百 kbit/s 以上。3G 是指将无线通信与国际互联网等多媒体通信结合的新一代移动通信系统。

（2）标准及分类

目前，3G 存在四种标准：CDMA2000、WCDMA、TD-SCDMA、Wi-Max。

① WCDMA

WCDMA（宽带码分多址）是一个 ITU（国际电信联盟）标准，它是从码分多址（CDMA）演变来的，从官方看被认为是 IMT-2000 的直接扩展，与现在市场上通常提供的技术相比，它能够为移动和手提无线设备提供更高的数据速率。WCDMA 全名是 Wideband-CDMA，中文译名为"宽带分码多工存取"，它可支持 384 kbit/s 到 2 Mbit/s 不等的数据传输速率，在高速移动的状态，可提供 384 kbit/s 的传输速率，在低速或是室内环境下，则可提供高达 2 Mbit/s 的传输速率。而 GSM 系统目前只能传送 9.6 kbit/s，固定线路 Modem 也只是 56 kbit/s 的速率，由此可见 WCDMA 是无线的宽带通信。在同一传输通道中，它还可以提供电路交换和分包交换的服务。因此，消费者可以同时利用电路交换方式接听电话，然后以分包交换方式访问因特网，这样的技术可以提高移动电话的使用效率，使得我们可以超越在同一时间只能做语音或数据传输的服务的限制。

为了提供市场前期牵引的能力，WCDMA 规范注重了业务能力的开发。WCDMA 预期提供的业务是非常丰富的。可以通过 WCDMA 终端，享受普通、宽带话音、多媒体业务、可视电话和视频会议电话；移动网络上的 Internet 应用也更为普遍，E-mail、www 浏览、电子商务、电子贺卡等业务与移动网络相结合。移动办公类业务也是一个发展方向，Internet 接入、企业 VPN 等将大力普及。信息、教育类业务将有很好的应用前景，股票信息、交通信息、气象信息、位置服务（LCS）、网上教室、网上游戏等移动应用更将极大地丰富人们的生活。

目前，国际上基于 Release 99、Release 4、Release 5 的 WCDMA 系统已先后进入商用，除了上述标准版本之外，3GPP 从 2004 年即开始了 LTE（Long Term Evolution，长期演进）的研究，基于 OFDM、MIMO 等技术，试图发展无线接入技术向"高数据速率、低延迟和优化分组数据应用"方向演进。目前，在 3GPP 组织内正在进行 LTE 的标准化工作。目前，中国联通持有在大陆运营 WCDMA 网络的牌照，中国移动在其香港分公司运营 WCDMA 网络。

② CDMA2000

CDMA2000 是美国提出的第三代移动通信系统。采用宽带码分多址（CDMA）技术，是美国 IS-95 标准向第三代演进的技术体制方案。CDMA2000 有多个不同的类型，下面按照复杂度排列。

CDMA2000 1x 就是众所周知的 3G 1x 或者 1xRTT，它是 3G CDMA2000 技术的核心。标志 1x 习惯上指使用一对 1.25 MHz 无线电信道的 CDMA2000 无线技术。

CDMA2000 1xRTT（RTT 无线电传输技术）是 CDMA2000 一个基础层，支持最高 153.6 kbit/s 数据速率，尽管获得 3G 技术的官方资格，但是通常被认为是 2.5G 或者 2.75G 技术，因为它的速率只是其他 3G 技术几分之一。另外，较之之前的 CDMA 网络，它拥有双倍的语音容量。

CDMA2000 1xEV（Evolution 发展）是 CDMA2000 1x 附加了高数据速率（HDR）能

力。1xEV 一般分成 2 个阶段。

CDMA2000 1xEV 第一阶段，CDMA2000 1xEV-DO(Evolution-Data Only 发展一只是数据)在一个无线信道传送高速数据报文数据的情况下，支持下行(向前链路)数据速率最高 3.1 Mbit/s，上行(反向链路)速率最高到 1.8 Mbit/s(A 版本，目前速率更快的 B 版本正在测试中)。

CDMA2000 1xEV 第二阶段，CDMA2000 1xEV-DV(Evolution-Data and Voice 发展一数据和语音)，支持下行(向前链路数据速率最高 3.1 Mbit/s，上行(反向链路)速率最高 1.8 Mbit/s。1xEV-DV 还能支持 1x 语音用户，1xRTT 数据用户和高速 1xEV-DV 数据用户使用同一无线信道并行操作。

1xEV-DO 已经开始商业化运营。欧洲市场稍微早于美国市场。

CDMA2000 3x 利用一对 3.75 MHz 无线信道(即 3 x 1.25 MHz)来实现高速数据速率。3x 版本的 CDMA2000 有时被叫作多载波(Multi-Carrier 或者 MC)，这一版本还没有部署正处在研究开发阶段。

目前，中国电信持有在大陆运营 CDMA2000 网络的牌照。

③ TD-SCDMA

TD-SCDMA 是英文 Time Division-Synchronous Code Division Multiple Access(时分同步码分多址)的简称，中国提出的第三代移动通信标准，也是 ITU 批准的三个 3G 标准中的一个，以我国知识产权为主的、被国际上广泛接受和认可的无线通信国际标准，是我国电信史上重要的里程碑。相对于另两个主要 3G 标准 CDMA2000 和 WCDMA，它的起步较晚，技术不够成熟。

TD-SCDMA(Time Division-Synchronous Code Division Multiple Access，时分同步的码分多址技术)是 ITU 正式发布的第三代移动通信空间接口技术规范之一，它得到了 CWTS 和 3GPP 的全面支持。该方案的主要技术集中在大唐公司手中，它的设计参照了 TDD 在不成对的频带上的时域模式。TDD 模式是基于在无线信道时域里的周期地重复 TDMA 帧结构实现的。这个帧结构被再分为几个时隙，在 TDD 模式下，可以方便地实现上/下行链路间的灵活切换。集 CDMA、TDMA、FDMA 技术优势于一体、系统容量大、频谱利用率高、抗干扰能力强的移动通信技术。它采用了智能天线、联合检测、接力切换、同步 CDMA、软件无线电、低码片速率、多时隙、可变扩频系统、自适应功率调整等技术。

TD-SCDMA 技术优势：TD-SCDMA 在上/下行链路间的时隙分配可以被一个灵活的转换点改变，以满足不同的业务要求。这样，运用 TD-SCDMA 这一技术，通过灵活地改变上/下行链路的转换点就可以实现所有 3G 对称和非对称业务。合适的 TD-SCDMA 时域操作模式可自行解决所有对称和非对称业务以及任何混合业务的上/下行链路资源分配的问题。

TD-SCDMA 的无线传输方案灵活地综合了 FDMA、TDMA 和 CDMA 等基本传输方法，通过与联合检测相结合，它在传输容量方面表现非凡。通过引进智能天线，容量还可以进一步提高。智能天线凭借其定向性降低了小区间频率复用所产生的干扰，并通过更高的频率复用率来提供更高的话务量。基于高度的业务灵活性，TD-SCDMA 无线网络可以通过无线网络控制器(RNC)连接到交换网络，如同第三代移动通信中对电路和包交换业务所定义的那样。在最终的版本里,计划让 TD-SCDMA 无线网络与 Internet 直接相连。

TD-SCDMA 所呈现的先进的移动无线系统是针对所有无线环境下对称和非对称的 3G 业务所设计的,它运行在不成对的射频频谱上。TD-SCDMA 传输方向的时域自适应资源分配可取得独立于对称业务负载关系的频谱人配的最佳利用率。因此,TD-SCDMA 通过最佳自适应资源的分配和最佳频谱效率,可支持速率从 8 kbit/s 到 2 Mbit/s 的语音、互联网等所有的 3G 业务。

TD-SCDMA 范围:TD-SCDMA 为 TDD 模式,在应用范围内有其自身的特点,一是终端的移动速度受现有 DSP 运算速度的限制只能做到 240 km/h,二是基站覆盖半径在 15 km 以内时频谱利用率和系统容量可达最佳,在用户容量不是很大的区域,基站最大覆盖可达 30 km。所以,TD-SCDMA 适合在城市和城郊使用,在城市和城郊,这两个不足均不影响实际使用。因在城市和城郊,车速一般都小于 200 km/h,城市和城郊人口密度高,因容量的原因,小区半径一般都在 15 km 以内。而在农村及大区全覆盖时,用 WCDMA FDD 方式也是合适的,因此 TDD 和 FDD 模式是互为补充的。

目前,中国移动持有在大陆运营 TD-SCDMA 网络的牌照。

④ Wi-Max

Wi-Max(即 802.16)技术从 2001 年起就开始进行开发,现在市场上开始出现相关产品,它在 30 英里的范围内提供了同绝大多数有线局域网相同的数据传输率。此项技术被认为是一种将大量宽带连接引入到远程区域或使通信范围覆盖多个分散的企业和校园区域的方法。Wi-Max 标准已经分裂为两个变种:802.16a 原始的 Wi-Max 标准,可以在 10 GHz 和 66 GHz 频段上为最大 30 英里范围提供高达 70 Mbit/s 的数据传输率;802.16e 新近开发出的 Wi-Max 标准,可以工作在 2～6 GHz 许可频段,这使得移动设备使用此技术成为可能。

Wi-Max 标准兼顾了城域网的部署以及最终用户的应用,这使得它成为了部署下一代无线局域网时可选择的技术。它允许厂商对单个协议(Single Protocol)以及核心协议(Core Technology)进行标准化。后者针对站点到站点(Site-to-Site)和站点到用户(Site-to-User)的无线网络传输。

(3)应用领域及特点

WCDMA、CDMA2000、TD-SCDMA 是目前广泛使用的 3G 标准,主要被应用到蜂窝电话网络当中,为普通手机用户提供高带宽的互联网接入,进而提供丰富的多媒体数据业务。由于其高带宽的特性,3G 模块可以像 GPRS 模块一样植入到各类移动设备当中,例如各类传感器,帮助其组建网络,实现高带宽的数据传输。Wi-Max 主要应用于消费宽带接入的点对多点连接(其中包括 Internet、电视和 VoIP 电话)、小型企业 T-1 连接交换、蜂窝电话运营商和 Wi-Fi 热点的回传的点对点链路。

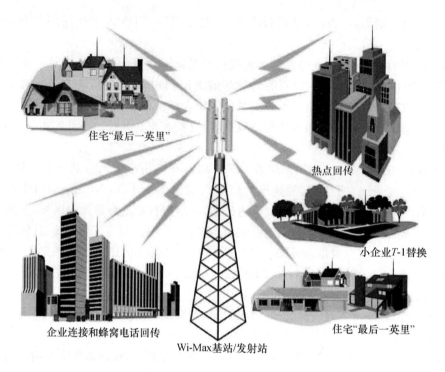

住宅"最后一英里"

热点回传

小企业T-1替换

企业连接和蜂窝电话回传

Wi-Max基站/发射站

住宅"最后一英里"

图 4-23　Wi-Max 网络示意图

第 5 章
工业监控物联网中间件层

第一节　事件驱动 EDA 体系结构

事件驱动体系架构(Event-Driven Architecture,EDA)是一种软件架构模式,支持系统内部对事件的响应以及事件的生产、检测和消费。EDA 是一种创建和构造应用系统的方法,在这些应用系统里,由事件触发的消息可以在松耦合的模块(这些模块主要是组件和服务)之间传递。通过使用 EDA,这些企业的应用程序或系统具备了处理事件的能力,并通过系统提供的强大的事件处理能力(过滤、聚合等),可以帮助企业快速准确的检测出事件的类型以及重要程度,判断该如何处理以及是否优先处理这些事件等。从而,使企业具备了快速响应的能力,提高了系统的敏捷性。在构建应用程序和系统时,基于事件驱动的软件设计模式能够用来在这些程序或者系统内部的松散耦合的组件和服务之间传递事件。一个典型的事件驱动系统包括事件生产者和事件消费者。当系统产生一个事件时,消费者会尽快做出响应。这里的响应包括,将事件过滤并转发给另一个组件,或者做出一个自包含的动作,即生成新的事件。使用事件驱动体系架构来构建系统和应用程序,能够提高系统的响应性,因为事件更适用于不可预知的、异步的交互环境。

1. 基本概念

EDA 的核心是事件。要理解并学会使用 EDA,必须对事件的基本概念有深入的了解。因此,在介绍 EDA 体系架构之前,我们先详细介绍事件的相关概念。事件被定义为"A Significant Change in State",即一个显著的状态的改变。它意味着系统或业务中一个条件(定义明确并且分类清晰)发生了,在这种环境下的事件,为接收方提供了充分的信息,以便接收方快速准确地响应该事件。例如,当一个客户购买了一本图书,图书的状态就从"待售"变为"已售出"。图书销售商的系统架构会把这种状态的改变作为一个事件,发布,检测,并提供给系统内部的其他应用程序消费。

事件说明与实体:术语"事件"经常被用来指代事件的定义以及事件实体,即事件本身。事件的组成:事件由两部分构成,事件头(Event Header)和事件体(Event Body)。事件头主要包含基本信息,例如事件名称(Name)、时间戳(Timestamp)、类型(Type)、标志符(ID)等。这些基本信息是对事件的一个简单说明。

事件体:事件体描述了现实中发生了什么事情。需要注意的是,不要将事件体与用于响应事件的模式或者逻辑相混淆。同时,事件体的描述必须详尽具体,足以被事件的订阅者理解并使用。

(1) 事件处理方式

事件处理是 EDA 系统的核心部分,事件处理的好坏直接决定了 EDA 系统设计的成败。一般情况下常用的有三种事件处理方式:简单事件处理(Simple)、事件流处理(Stream)和复杂事件处理(Complex)。这三种事件处理方式根据特点不同,适合在不同的环境下使用,在实际应用中,经常混合使用。

简单事件处理:它通常关注与可测的、特殊的状态改变直接相关的事件。简单事件处理通常用来处理实时工作流,因为这种事件处理方式可以降低系统延迟和运行开销。简单事件处理方式一般认为事件是同等重要的,每个事件到来后都应该做出相应的反应,即事件之间没有优先级。例如,简单事件可以由感知器获得的气温或者气压的状态改变来创建。

事件流处理:在事件流处理方式(Event Stream Processing,ESP)中,所有普通的和值得关注的事件同时发生。普通事件(命令、RFID 转换)被标出并被发送给事件订阅者。值得关注的事件一般隐藏在普通事件之中,需要监测大量的普通事件,然后过滤出值得关注的事件,并且在最小延迟的情况下将该事件发给事件订阅者。简单的说,就是对事件进行过滤以识别哪些是重要事件的处理。事件流处理一般用于企业内部或者外部信息的实时处理,以使企业可以及时做出决策。

复杂事件处理:复杂事件处理(Complex Event Processing,CEP)会对简单、平常的事件进行评估,判断是否发生了复杂事件,然后采取相应行动。所有事件(普通事件或者值得关注的事件)可能是不同的事件类型并且在一段时间内发生。CEP 需要专业的事件解释器、事件模式定义和匹配,以及相关的技术。CEP 一般用来处理系统异常、威胁或者机会。事件处理的三种方式的定义和适用范围不同,但是它们的处理流程是类似的。因此,在实际的应用中,这三种处理方式经常被混合适用。

(2) 事件处理流程

上文已经介绍过三种事件处理方式,并且提到它们的处理流程是类似的。一个事件流从事件产生时开始,之后驱动一系列的后续行为,整个过程构成一个完整的事件处理流程。按 Brenda M. Michelson 的定义,事件处理流程在逻辑上被分为四层,简单介绍如下。

① 事件生产者(Event Generator)

事件由事件源产生,事件源感知一个现实情况(Fact)并用事件的方式表示。由于Fact 可以是任何类型的事情,因此事件源也可以说任何类型的,例如 E-mail 用户、E-commerce 系统等。另外,一个普通事件也可能被事件处理器(路由、过滤器)认为是值得关注的事件,从而产生一个新的值得关注的事件。

将感知器(Sensors)收集到的不同数据转换成一种标准化的数据格式是设计和实现该层的主要问题。然而,事件是一种很强的描述框架,任何转换操作都能够很容易的应用到数据的转换上来。完成事件格式的转换之后,就可以将该事件发送给事件通道。

② 事件通道(Event Channel)

事件通道(Event Channel)是一个消息传输机制,负责在事件生产者、事件处理引擎以及下级订阅者之间传输统一格式的事件,这可以是 TCP/IP 连接,或者一个输入文件(flat,XML,e-mail 等)。事件通道将事件生产者和消费者之间隔开,从而形成了一种松散耦合的关系。同一时间可以存在多个事件通道。通常情况下,由于实时处理事件的需要,事件通道会异步读取。事件被存储在队列(Queue)中,等待处理。

③ 事件处理(Event Processing)

事件处理引擎(The Event Processing Engine)是事件驱动模型中最重要的部分,它定义事件并选择和执行恰当反应。这会导致一系列的断言产生,例如,到来一个"product ID low in stock"(库存不足)事件,会触发相应的反应,如"Orderproduct ID"(进货)并且"Notify personnel"(通知相关人员)。事件处理引擎可以采取不同的事件处理方式,而且,在这里还可以根据对用户交易记录的分析结果从而判断用户感兴趣的事件,进而制定相应的规则。也就是说,事件处理引擎提供了从消费者的角度来处理事件的能力。

④事件驱动的下级活动

事件驱动的下级活动(Downstream event-driven activity)是事件引发的结果显示的地方,可以采用不同的方式和方法,例如,发送一封 email,应用程序在屏幕上显示某种警告信息等。事件应该按标准事件格式发布。这一部分是事件处理结果显示的地方,是需要处理的业务逻辑部分。另外,根据事件处理引擎(Event Processing Engine)的自动化程度不同,有时并不需要这一层。

2. 事件驱动框架

事件驱动框架(Event-Driven Architecture,EDA)与传统的系统架构不同的地方在于,传统架构中,各个模块之间的信息交互是基于调用的方式,即某一模块有需要之后再去查询它所需要的信息,这种基于存储—索引—查询的架构模式工作效率很低,一方面不能实时的处理数据,另一方面也存在处理效率低,无法迅速消化大量数据;而在事件驱动框架中,由事件触发产生的消息是由一种订阅—发布的机制来传递的,当事件发生时,能够即刻被传输关注它的地方,系统还会基于对这些事件的进一步评估、评判,形成适当的反应,如商业逻辑的触发、发布警报信号、启动服务,这些都是事件驱动的反应。2003 年由 Gartner 引入的 EDA 的概念,是用于描述一种基于事件的场景,事件的产生、检测、反应等是系统最主要的功能。EDA 被认为是完整实践了面向服务架构(SOA),在 EDA 中服务被具体化为了事件,事件是触发框架工作的源,也是框架工作后产生的结果,即事件 A 发生,触发事件 B 发生,以此类推。

事件驱动框架包括两个组成部分:事件产生者和事件消费者。事件产生者指事件的来源,负责向框架提供事件源;事件消费者则向框架订阅事件。EDA 的这种设计与消息型中间件有很多类似的地方,不同的地方在于,EDA 不仅被动地接收和发送信息,它还可以针对信息内容决定之后的操作，具有更高的处理逻辑。EDA 极大地提高了企业对于事件的处理能力，使得企业能够在各种离散的事件中得出具有业务含义的信息。特别是那些对海量数据实时处理要求较高的系统（如股票交易系统、RFID 仓储流通系统等），EDA 所提供的事件处理能力使系统能够按照自己的需要及时的得到有意义的业务信息。EDA 具有以下优点：

- EDA 具有松耦合的特性，能够适应不断变化的业务需求，而对现有的系统影响极低，不需要反复的二次开发，符合敏捷开发的特性；
- EDA 可以为分布在不同物理空间的应用系统提供服务，符合分布式系统的特征，为大规模部署的应用提供了前提条件；
- 提高了对现有的系统和服务的利用，省却了再集成和配置的成本；
- 使系统对于实时变化更为敏感，状态更为精准。

EDA 的基本组件可以分为以下几种。

事件元数据：一个良好的事件驱动架构应该拥有强大的元数据架构。事件元结构指针对事件处理的各个过程中的事件规范和处理规则。事件规范必须提供事件产生、事件格式转换、事件处理引擎。

事件处理：事件处理的核心是处理引擎和事件发生数据。简单事件处理引擎往往是由软件商自己设计，而复杂事件引擎一般来自 CEP 引擎提供商。事件发生数据通常会被保留以用来审核和趋势分析。

事件工具：定义事件规范和处理规则，以及管理订阅。事件工具主要提供监控和管理功能，对事件处理的中间环节和基础组件进行管理，对事件的处理状态进行监控等。

企业集成：企业集成为企业和事件驱动架构提供了连接的渠道，通过这个渠道，二者可以进行事件的传递，包括事件处理过程中产生的变化通知、事件处理之后需要启动的不同服务、企业应用对于不同事件的订阅和发布服务。

源和目的：为事件驱动架构提供事件源的地方，一般属于企业资源，通过企业集成将不同的事件源上传至事件驱动架构。

3. EDA 的体系架构

一个事件驱动架构所需要的执行组件。图 5-1 是这些组件的分层说明，主要包括如下几部分。

（1）事件元数据（Event Metadata）

对事件生产者、格式转换器、处理引擎和订阅者来说，具有一种通用的标准化的事件格式，可以方便地完成事件在它们之间的传递。因此，EDA 系统需要一种统一的、健壮的数据结构来完成对事件的统一定义，这就是事件元数据（Event Metadata）。唯一不足的是，目前还没有事件定义和事件处理相关的标准，但是这只是个时间问题。

（2）事件处理（Event Processing）

事件处理（Event Processing）主要解决的问题是事件处理方式的选取。它是 EDA 架构的核心。事件处理的核心组成部分是事件处理引擎，事件的实际处理在这里完成，选取不同的处理方式和规则，会产生不同的结果，从而决定着整个 EDA 系统设计的成败。另外，这一层还会关注事件数据的储存问题，保存这些数据信息，主要提供给业务分析员使用,以开发新的业务。

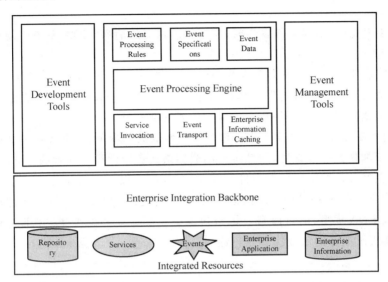

图 5-1　EDA 体系结构

（3）事件工具（Event Tooling）

事件工具包括两部分,事件开发工具（Event Development Tools）和事件管理工具（Event Management Tools）,它们为事件的开发和管理提供技术和方法上的支持。

（4）企业集成（Enterprise Integration）

企业集成在 EDA 中具有重要作用和意义,主要是对系统内部存在的一些服务进行集成。需要集成的服务主要包括事件处理（过滤器、路由和格式转换）、服务调用、发布和订阅和企业信息获取等。

（5）事件源和目标（Sources and Targets）

这些都是企业的可用资源,主要包括企业已有的硬件资源、应用程序、已经存在的服务、人员和系统外部客户等,这些都可以产生事件,执行并完成一个事件驱动过程。需要注意的是,根据事件流、事件存储方式、企业集成和发布、事件源和目标是本地的还是分布在网络上的不同,这些组件的在不同的企业中如何配置也是不同的,使用的时候各企业要根据自身情况以及客户的实际需求选择合理的组合方式。

4. EDA 的特点

EDA 内部各模块的耦合程度非常低,具有很强的分布性。这种架构具有很强的分布性主要因为事件的使用,事件可以是任何事,存在于任何地点。而松散耦合的特性则是因为事件并不知道它会导致的后果。这里归纳一下 EDA 的主要特点。

（1）异步:EDA 采用异步通信的方式,而不是像 SOA 中那样,在通信双方之间建立和维持一个连接。也就是说,事件被发送出去以后,发布者并不关心是否能收到响应,这种通信方式提高了系统的灵活性。

（2）发布/订阅机制:EDA 采用的消息传输机制是基于发布/订阅模型的,它支持异步多对多的交互方式,从而降低了通信双方之间的耦合程度。

（3）解耦：在 EDA 中，事件发布者和事件订阅者之间不需要建立连接。因此，它们也就不需要了解对方的信息。

（4）异步消息机制：当事件发生时，需要传递相应的消息，EDA 系统必须保证能够传递该异步消息。

（5）事件管理：EDA 必须具有事件处理的能力，能够定义、识别、关联事件，从而做到事件的统一管理。由于事件的发生具有不确定性，因此一个好的事件管理系统，能够极大地降低系统的整体复杂度，提高系统响应的敏捷性。

EDA 的主要优势是它使用了事件作为消息传输的基本单元，把系统内部或者外部任何状态的改变都视为一个事件，按照统一的数据格式在应用程序或者服务之间传输，并采用固定的信息处理模型来处理该事件。这样，企业就可以在现实世界中根据需求做出快速、有效的响应。在 SOA 和 EDA 的集成技术中，首先由 SOA 方法将业务逻辑封装成服务，然后引入 EDA 模型，就可以有目标地快速确定相应业务的变更，并迅速有效地实施变更，从而实现了业务的敏捷性和完整性。

第二节　面向服务的体系结构 SOA

1. 面向服务体系架构

SOA 是一种服务驱动的信息技术架构模型，它支持对各种服务功能进行有机整合，使其成为一种相互联系、可重用的服务。通过在不同的应用和信息源之间建立联系，SOA 可以帮助用户提高服务的灵活性，增强服务底层架构并有效重用现有的 IT 资产。由此可见，SOA 所具有的强大功能和灵活性将给服务提供者带来巨大的优势。如果某机构将其 IT 架构抽象出来，并将其功能以粗粒度的服务形式表示出来，那么这些服务的用户就可以得到这些服务，而不必考虑其后台实现的具体技术。更进一步而言，如果用户能够发现并绑定可用的服务，那么在这些服务背后的 IT 系统就能够提供更大的灵活性。在 SOC 中，SOA 的这个特点能够有效地屏蔽底层网络的细节，使得服务提供者能够将注意力集中在服务生成的具体过程中。典型的 SOA 中存在有三种角色，如图 5-2 所示，服务提供方（Service Provider）发布自己的服务，并且对使用自身服务的请求进行响应。服务中介（Service Broker）注册已经发布的 Service Provider，对其进行分类，并提供搜索服务。服务请求方（Service Requestor）利用 Service Broker 查找所需的服务，然后使用该服务。SOA 中的每个实体都扮演着服务提供方、服务中介和服务请求方这三种角色中的某一种（或多种）。

SOA 提供了一个集成框架，基于该集成框架，服务设计者能够使用可复用的功能单元集和良定义的接口，并将它们融合成一个逻辑流，从而构建整个应用，应用将能在接口进行集成。由于这种构建方式与接口具体实现方式无关，无须考虑特定系统或实现的特征或特性，因此将具有更大的灵活性。例如，可以基于策略，如价格、性能、QoS 保证、当前的事务量等，动态选择不同的服务提供者。此外，SOA 的另一个重要特征是可以进行多对多的集成，跨企业的各类客户可以以不同的方式使用和复用应用程序，从而可极大地降低集成不兼容的应用的成本/复杂性比率,并能提高开发者针对新的业务需求快速创建、重新配置、创新运用应用程序的能力,进一步增强业务的灵活性。从特征上来看,SOA 具有粗粒度、松耦合的交互特点。

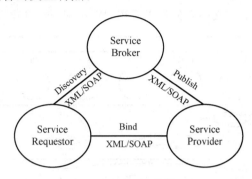

图 5-2　服务的角色及操作

（1）良好定义的标准化接口:应用的功能被封装为基于标准来描述和访问的服务,且服务的粒度可大可小。

（2）实现技术与位置的透明性:提供服务功能的应用程序的实现技术及位置被抽象的服务接口所屏蔽,以粗粒度、松耦合的方式交互。

（3）灵活地适应服务的多变性:只要服务的接口描述不变,服务的提供者和消费者可以彼此变化而互不影响。

（4）服务组合与重用:能在多级层次上封装应用程序的功能,然后通过服务组合和编排,完成复杂的业务流程。

如图 5-3 所示为 SOA 的参考体系架构,相比于传统的企业应用集成架构,面向服务集成的优势在于使用基于标准的服务。服务的编排和组合增加了原有系统的灵活性、重用性,从而使企业把精力集中于业务流程,而先不必关注应用程序底层实现问题,摆脱了面向技术解决方案的束缚。首先,各个应用的功能被封装为基于标准来描述和访问的服务。其次,借助于 SOA 的通用连接能力,这些来自不同应用的服务,不需要关心对方的位置和实现技术,以松散耦合的方式相互交互来完成集成。只要服务的接口描述不变,服务的使用者和提供者双方可以自由发生变化而互不影响。最后,通过服务组合,服务可以按不同的方式来组合成为不同的业务流程。当某个业务流程发生变化的时候,大多数时候,我们调整组装服务的方式来满足这种变化。总之,这种通过重用粗粒度服务而不是在底层编程来开发新应用以满足业务新需求的方法,使得企业能够以更少的投入、更快的速度、更好的质量来开发应用。

2. Web 服务技术及特性

Web 服务(Web Service)技术作为一种开放的业务提供方式,已经得到了工业界和学术界的广泛认可,已经逐步成为 SOA 的实际解决方案。随着网络技术的发展和用户对业务需求的增加,越来越多的业务提供商把服务以 Web 服务的方式提供给客户使用。W3C 组织对 Web 服务的定义如下:Web Service 是由 URI 标识的软件系统,其接口和绑定可以通过 XML 进行定义,其定义可以被其他的 Web Service 软件系统发现,这些(Web

Service)系统通过基于 Internet 的协议使用基于 XML 的消息交互。Papazoglou 等认为，Web Service 是一个平台独立的、松耦合的、自包含的、基于可编程的 Web 的应用程序，可使用开放的 XML 标准描述、发布、发现、协调和配置这些应用程序，拥有开发分布式的互操作的应用程序。从以上定义中我们可以看出，Web Service 有以下几个显著特征。

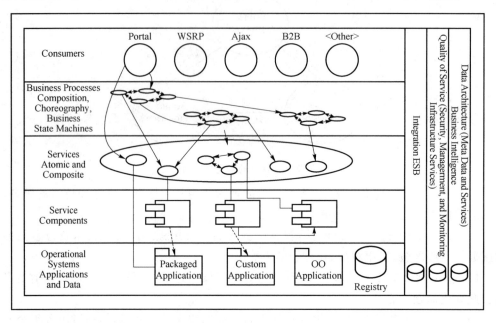

图 5-3　SOA 的分层架构模型

　　应用的分布式：为适应网络应用中分布式的数据源和服务提供者，分布式的服务响应、松散耦合是 Web 服务必须具备的特征。在应用中，服务请求者不必关心服务提供者的数据源格式是什么、某一服务请求需调用哪些服务、服务请求在 Web 上怎样被执行等，即 Web 服务对用户具有分布透明性。

　　应用到应用的交互：在分布式的环境中，若采用集中控制方式，服务器有较大的负荷，并且系统不具有健壮性。因此，应用到应用的交互使得 Web 服务更具可伸缩性。

　　平台无关性：Web 服务的界面、跨 Web 服务的事务、工作流、消息认证、安全机制均采用规范的协议和约定，而且 Web 服务采用简单、易理解的标准 Web 协议作为组件接口和协同描述的规范，完全屏蔽了不同软件平台的差异，因此具有可集成能力。Web 服务描述语言（Web Services Description Language，WSDL）是描述 Web 服务的重要规范，其创建于 2000 年，由 IBM 的 NASSL（Network Application Service Specification Language）与 Microsoft 的 SDL（Service Description Language）合并而来。

　　WSDL 规范定义了一个 XML 词汇表，包括用于定义数据类型的＜Types/＞，用于定义消息结构的＜Message/＞，用于定义关联操作（Operations）的＜PortType/＞，用于定义消息编码方式的＜Binding/＞，以及用于定义服务接口地址的＜Service/＞。该词汇表依照请求和响应消息，在服务请求者和服务提供者之间定义一种契约。Web 服务通过描述 SOAP 消息接口的 WSDL 文档来提供可重用的应用程序功能，并使用标准的传输协议来进行传递。WSDL 描述包含必要的细节,以便服务请求者能够使用特定服务:请求消息格式、响应消息格式和向何处发送消息。

简单对象访问协议(Simple Object Access Protocol,SOAP)是一个基于 XML、用于在分布式环境下交换信息的轻量级协议。SOAP 在请求者和提供者对象之间定义了一个通信协议,这样该请求对象可以在提供的对象上执行远程方法调用。因为 SOAP 是平台无关和厂商无关的标准,因此尽管 SOA 并不必须使用 SOAP,但在带有单独 IT 基础架构的合作伙伴之间的松耦合互操作中,SOAP 仍然是支持服务调用的最好方法。

统一描述、发现和集成(Universal Description,Discovery and Integration,UDDI)规范提供了一组公用的 SOAP API,使得服务代理得以实现。UDDI 为发布服务的可用性和发现所需服务定义了一个标准接口(基于 SOAP 消息)。UDDI 实现将发布和发现服务的 SOAP 请求解释为用于基本数据存储的数据管理功能调用。为了发布和发现其他 SOA 服务,UDDI 通过定义标准的 SOAP 消息来实现服务注册(Service Registry)。注册是一种服务代理,它是在 UDDI 上需要发现服务的请求者和发布服务的提供者之间的中介。一旦请求者决定使用特定的服务,开发者通常借助于开发工具,并通过创建以发送请求并处理响应的方式访问服务的代码来绑定服务。Web Service 最重要的一些特性可以概括如下。

(1) Web Service 的类型:按照拓扑结构,Web Service 可以分为两类,一类是信息型,这种 Web Service 仅支持简单的请求/响应操作,Web Service 一般在等待请求,然后处理并响应请求;另一类是复合型,通常涉及许多已有服务的装配和调用,从而完成多步骤的业务交互,Web Service 在进入操作(Inbound Operation)和离开操作(Outbound Operation)之间进行一定形式的协调。

(2) 功能属性和非功能属性:前者描述了操作特性,定义了服务的整个行为,如定义了如何调用服务、在何处调用服务等细节;后者则主要关于服务质量属性,如服务计量和代价、性能度量、安全性属性、授权、认证、完整性、可靠性、可伸缩性等。

(3) 状态属性:Web Service 既可以是无状态的,也可以是有状态的。假如服务可以被重复调用,且无须维持上下文或状态,则称之为无状态的服务,最简单形式的 WebService,如信息型天气预报服务就是代表,无状态意味着每当用户和 Web Service 交互一次,就会完成一个处理,在返回服务调用的结果之后,处理就完成了;反之,需要维持上下文或不同操作调用之间状态的服务则称为有状态的服务,无论这些操作调用是由 Web Service 的同一个客户端发出还是由不同的客户端发出。

(4) 松耦合:Web Service 彼此间进行动态交互,并且 Web Service 使用的是因特网标准技术,这使得系统间的融合成为可能。使用 Web Service 方式,则从服务请求者到服务提供者之间的绑定是松耦合的,因为服务请求者无须了解服务提供者实现的具体技术细节,诸如编程语言、部署平台等,双方通过消息进行请求和响应。

(5) 服务粒度:不同 Web Services 的功能各异,差别很大,既可以是简单的请求,也可以是一个存取和综合多个信息源信息的复杂系统。简单请求通常是细粒度的,不可再分。反之,复合服务通常是粗粒度的,业务流程涉及一个或多个会话和其他服务或最终用户进行交互。

（6）同步和异步：Web Services 有两种通信方式，一种是同步或远程过程调用 RPC 方式，另一种是异步或消息方式。同步服务的客户端将其请求表示为带变量的方法调用，方法返回一个包含返回值的响应，这意味着当客户端发送一个请求消息时，它会首先等待响应消息，然后才会继续向下运行。异步服务中，当客户端调用消息类型的服务时，其不需要（不期待）立即的响应，从服务发回的响应可以在一段时间以后才出现。

（7）良定义：服务之间的交互必须是良定义的，应用程序使用 WSDL 可以向其他程序描述连接和交互规则。对于抽象服务接口和支持服务的具体的协议绑定，WSDL 提供了对它们进行描述的统一机制。

3. 企业服务总线

SOA 能够将应用程序的不同功能单元通过服务之间定义良好的接口和契约联系起来，使用户可以不受限制地重复使用软件，把各种资源互连起来。而支撑 SOA 的关键是其消息传递架构——企业服务总线（Enterprise Service Bus，ESB）。

ESB 是传统中间件技术与 XML、Web 服务等技术相互结合的产物，是一种在松散耦合的服务和应用之间标准的集成方式。如果说 SOA 将应用视作服务，ESB 则提供了 SOA 的实现框架，其提供了一种开放的、基于标准的消息机制，通过简单的标准适配器和接口，来完成粗粒度应用（服务）和其他组件之间的互操作，能够满足大型异构企业环境的集成需求，可以在不改变现有基础结构的情况下让几代技术实现互操作。如图 5-4 所示是一个简化的 ESB 视图，在 ESB 中，可以以面向服务的方式组织许多不同的应用组件，并应用 Web 服务技术，它可以作用于如下体系结构。

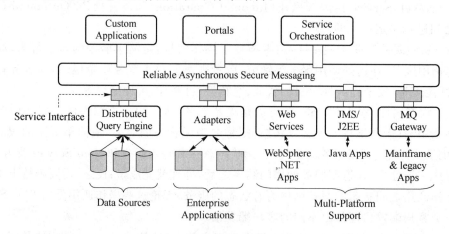

图 5-4　ESB 连接各种应用和技术

面向服务的体系结构：分布式应用由粒度化的可复用的服务组成，这些服务具有良定义的、公开发布的、符合标准的接口。

消息驱动的体系结构：在消息驱动的体系结构中，应用之间通过 ESB 发送和接收消息。

事件驱动的体系结构：应用异步地产生和使用消息。由于 ESB 把集成对象统一到服务，消息在应用服务之间传递时格式是标准的。因此，直接面向消息的处理方式成为可能。如果 ESB 能够在底层支持现有的各种通信协议,那么对消息的处理就完全不考虑底层的传输细节,而直接通过消息的标准格式定义来进行。这样,在 ESB 中,对消息的处理就会成为 ESB 的核心,因为通过消息处理来集成服务是最简单可行的方式,这也是 ESB 中总线功能的体现。为确保 SOA 系统的运行,ESB 应提供以下最基本的功能:

(1) 在总线范畴内对服务的注册命名及寻址管理功能,即服务的 Meta-Data 管理;面向服务的中介功能,提供位置透明性的服务路由和定位服务,支持多种消息传递形式(请求/响应、单路请求、发布/订阅等)以及广泛使用的传输协议(Http、JMS、MQ 等);

(2) 支持多种服务集成方式,如 Web 服务、Messaging、Adaptor;

(3) 对服务管理的支持,如服务调用的记录、测量和监控数据的提供。

4. EDA 的基本概念和特征

基于请求/响应调用模型的 SOA 实现存在通信耦合程度高、协同能力不足的问题。EDA 是对反应式系统的抽象,通过 Push 模式的事件通信,提供并发的反应式处理,特别适合松耦合实时通信和支持感知的应用,是解决 SOA 松耦合通信与协同处理的理想方案。Gartner 于 2003 年引入了 EDA,用于描述基于事件的范例。EDA 定义了一种创建和构造应用系统的设计方法,事件通过触发消息在独立的、非耦合的模块之间传递,事件源通常发送解耦的消息到中间件或者事件代理,订阅方可以订阅这些消息。由于事件消息基于发布/订阅方式进行传输,一个事件可以传送给多个订阅方。通过提供瞬时过滤、聚合和关联事件的能力,EDA 可以快速地检测出事件并判断它的类型,从而帮助企业快速、恰当地响应和处理这些事件。K. Mani Chandy 从软件体系结构的角度给出了基于事件驱动的系统结构,如图 5-5 所示。他认为,事件驱动系统有如下特点:在结构上监控环境的状态是离散的;识别模型上状态变化是事件触发的;系统行为由事件感知、事件识别、事件响应三个阶段构成。其中,事件感知用于获取系统和周围环境的状态;事件识别负责分析感知的事件,判断多个事件实例之间的时序和逻辑关系是否属于某种异常;事件响应在事件识别成功时生成事件作出响应。自然界和人类社会组织在很多场景都具有事件驱动的这种特征。基于事件驱动的分布系统异常识别引入了感知、识别、响应的闭合回路,是一种灵活的体系结构,支持目标环境与系统的松耦合通信。事件通信在通信的时间、空间、同步三个维度实现了松耦合,即通信方不必在通信时同时处于激活状态、通过事件主题/内容等逻辑寻址而非物理寻址进行通信、通信方在通信时不阻塞控制流。

Rosenblum 等提出了互联网环境下事件驱动体系架构的通用设计,从对象模型(Object Model)、事件模型(Event Model)、命名模型(Naming Model)、观察模型(Observation Model)、时间模型(Time Model)、通知模型(Notification Model)、资源模型(Resource Model)等七个侧面对事件驱动体系结构的结构和行为模型进行分析(见图 5-6),奠定了大规模分布环境下事件驱动体系架构的设计基础。其中,对象模型描述产生事件和接收通知事件的实体,即事件产生方和事件接收方;事件模型描述事件的表示和特性;通知模型关注事件传送给事件接收方的方式;观察模型描述用于表示感兴趣事件出现的机制;时间模型关心事件之间的因果和时序关系;资源模型定义了在分布式系统结构中,事件观察与通知在哪里进行以及如何安置这些功能;命名模型关心系统中对象、事件和订阅的寻址。这些模型从不同方面刻画了基于事件观察与通知的分布式应用中的主要活动和相互关联,它们之间的关系如图 5-6 所示。

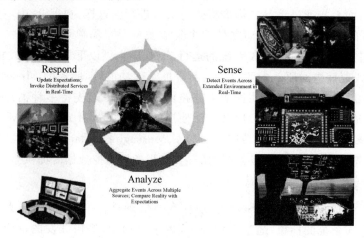

图 5-5　EDA 的主要行为特征

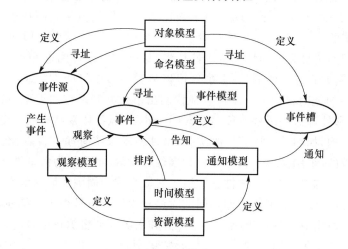

图 5-6　EDA 分析和设计的通用框架

在 EDA 中,从处理层次的角度看来,事件处理流程在逻辑上可分为四层:事件产生器,感知环境或状态的变化并将其表示成事件;事件通道,用于将事件产生的事件传移到事件处理引擎或接收终端;事件处理,对事件进行瞬时过滤、聚合和关联;事件驱动的活动触发,可以是调用服务,也可以产生新的事件并传播到感兴趣的订阅方。一个完整的事件处理流程始于事件的感知,终于对相应事件的反应(Reaction)。在以上流程中,事件处理是核心,其主要可分为三种类型:简单事件处理、事件流处理、复杂事件处理。简单事件处理架构主要对特定的(Notable)事件进行响应,以驱动实时的工作流;事件流处理关注的事件范围更广,可用于处理企业相关各类实时信息流;复杂事件处理根据简单事件的时间、顺序、因果等关系,将多个事件聚合成复杂事件,去除不相关的事件,从而减少事件的数量,提高事件处理的效率。从整个架构的角度来处理问题,事件流处理和复杂事件处理并非互斥的关系,而是可以互相结合和补充的,关于复杂事件处理,在后续内容还将重点综述。

第三节　事件驱动的 SOA 体系结构

SOA(Service Oriented Architecture)架构在过去十多年,得到广泛的应用。SOA 架构成为构建大型网络服务与业务流程的主流架构。其中,BPEL 作为 Web 服务组合标准规范,在企业信息系统中得到了广泛应用,成为事实上的服务编制(Service Orchestration)标准。SOA 和 EDA 作为两种重要的分布式服务设计架构,在过去一直相互独立地演进发展。二者最大的区别在于将业务组件组合成服务流程的实现过程,前者是基于被动式请求/响应的操作调用方式,而后者体现了主动式的事件通知方式。用事件驱动的交互模式代替请求驱动的方法,有助于分离不同系统和域,从而产生更灵活、更敏捷的架构。事件驱动 SOA 将通信与计算分离,使 SOA 的松散耦合思想真正得以实现。在事件通信与服务计算分离的基础上,事件驱动 SOA 将二者进行了有序的融合,可在融合了异构网络的物联网系统上实施统一的服务计算。事件驱动机制,是实现智能主动服务的基础。主动性体现在两个方面,一是事件通知机制主动将信息推送到需要它的服务中;二是服务根据需求与系统中发生的事件进行主动协同,交付服务。智能既是主动服务的实现基础,也是主动服务体现出的特征。针对物联网服务提供机制中感知服务的特征,本章将介绍物联网服务平台中事件驱动 SOA 架构的一个设计实现,并重点讨论大规模分布式发布订阅基础服务设施的架构设计,以适应场景复杂多样的物联网服务的开发需求,为实现快速自动的服务协同提供支撑。

1. SOA 与 EDA 的集成技术

在介绍完 SOA 和 EDA 的基本内容之后,我们要简单介绍一下 SOA 与 EDA 的集成技术——ESB。企业服务总线(Enterprise Service Bus,ESB)将基于事件驱动的方法和面向服务的方法结合使用,借此简化业务单元的集成,从而在异构平台和环境之间建立联系,并充当允许不同应用程序进程之间进行通信的中间层。ESB 架构如图 5-7 所示。所有服务通过 ESB 连接起来,服务之间使用同步或者异步的交互方式进行通信。企业服务总线为不同系统之间整合的消息传输、数据格式转换等问题提供了解决方案,它也非常适用于 SOA 与 EDA 系统的整合。

通过使用其内部服务,ESB 解决方案提供了很多好处。从根本上说,它简化了异类应用程序之间的连接任务,提高了业务的灵活性,它的功能简单归纳如下。SOA 的核心概念是服务,它是以服务来构建系统。服务本身具有松散耦合的特性,因此使用 SOA 构建系统可以提高服务的可重用性和服务之间的互操作性;EDA 的核心概念是事件,主要涉及事件的处理,它希望通过使用事件来完成服务之间的交互,从而将服务之间的交互方式从请求/响应的模式中解脱出来,降低了通信双方的耦合程度,同时使系统具备一定的动态感知、计算能力和事件处理能力,提高系统敏捷性。

2. EDA 与 SOA 的关系

2003 年,当 Gartner 公司提出 EDA 时,Gartner 的 Roy Schulte 就已经预见到,SOA

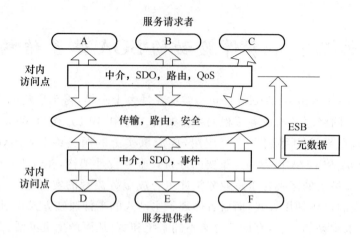

图 5-7　ESB 的总线

是把那些线性的、可预测的服务连接了起来，而 EDA 允许复式的、不可预测的、异步的事件并行地发生，在一个单一的活动中被触发。虽然 SOA 通常更适合请求/响应的交换环境，但 EDA 引入了一些长时间运行的异步进程功能，而且 EDA 节点可发布事件，且不依赖于所发布服务的可用性，因此它真正实现了同其他节点的分离。

SOA 系统与 EDA 系统之间的关系如图 5-8 所示。从系统资源封装成平台层的对象，对象组合成为组件，组件进一步构成业务层的服务，服务成为最后的应用，这就是 SOA 系统的形成服务并提供给消费者使用的过程。图 5-8 中出现了系统事件（System Events）、平台事件（Platform Events）、组件事件（Component Events）和业务事件（Business Events），这些事件消息在相邻层之间双向传递。这就是事件驱动的概念，不同层之间的交互通过事件消息来完成。SOA 与 EDA 关系密切，因为如果在 SOA 系统中是由不断到来的事件来触发服务，而不是采用传统的请求/响应模式，事件驱动的体系架构就能够实现 SOA。可以说，通过平衡以前未知的随机关系来形成一个新的事件模式，EDA 比 SOA 更加有效、更加健壮。同时，在事件识别模式中插入附加信息，这种新的设计模式触发的自动化处理过程能够为企业提供额外的价值，这在以前是无法实现的。

3. 工业监控物联网 EDSOA 服务平台

感知服务系统需要将事件驱动机制与 SOA 架构相结合。为了实现大规模分布式的事件驱动机制，我们引入了基于主题的分布式发布订阅架构；同时，为了支持 SOA 架构，与 Web 服务世界无缝地互联互通，我们引入了服务总线（ESB，Enterprise Service Bus）和 Web 服务通知（WSN，WS-Notification）组件将负责通信的发布订阅网络与负责计算的服务组件连接起来。

服务执行环境如图 5-9 所示，主要包括 BPEL 服务引擎（Service Engine）、基于 JBI（Java Business Integration）的企业服务总线（ESB）、基于 EDA 架构的 Web 服务通知组件和基于主题的发布订阅网络，以及一系列公共基础服务（包括会话管理、负载均衡、优先级判定引擎、语义组件、数据库接口）。在每个代理节点，部署以上服务执行环境，执行环境中的多数组件都是可选的，只有发布订阅组件是必须运行的。各个节点，通过一个基于主题的发布订阅基础服务网络来实现数据分发。服务的集成由 ESB 来负责,业务流程编排由 BPEL 引擎来实现。ESB 节点之间数据交互则由基于 WSN 规范的发布订阅系统来完成。发布订阅系统实现了 Web Service 代理通知服务模型,具体实现采用分布式代理架构。

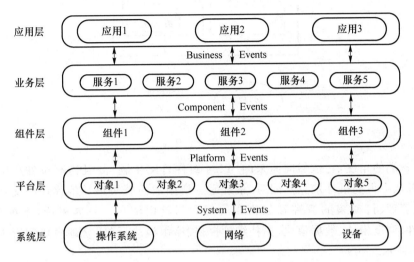

图 5-8　ESB 的总线

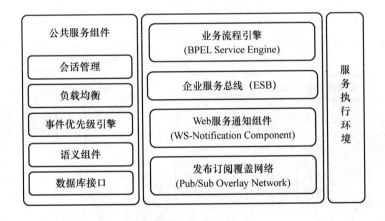

图 5-9　服务执行环境

第四节　基于 WSN 的物联网发布/订阅中间件系统

　　WSN 规范的代理模式,为客户端提供了完整发布/订阅能力,不过对于代理间的消息路由与节点管理,WSN 的能力还有所欠缺。为了更好地适应大规模环境下的发布/订阅需求,必须扩展 WSN 的能力。总体上,要对 WSN 进行一层新的封装,依然向客户端暴露原有的关于发布/订阅的接口。同时,在内部为其增加节点管理、订阅管理和消息路由的模块,如图 5-10 所示。

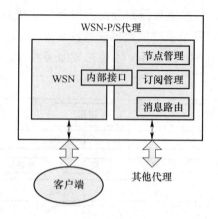

图 5-10 系统总体设计

从客户端的角度,它依然向原来的 WSN 组件订阅主题,并且当有事件产生时,向其发布,或者从中得到事件消息。同时,系统通过新添加的模块跟其他代理相交互,包括节点的信息管理、订阅表的管理和如何在代理之间路由消息。具体来说,系统应该包括 WSN 组件、调度模块、数据模块、拓扑维护模块、路由模块、订阅管理模块和管理者模块,如图 5-11 所示。

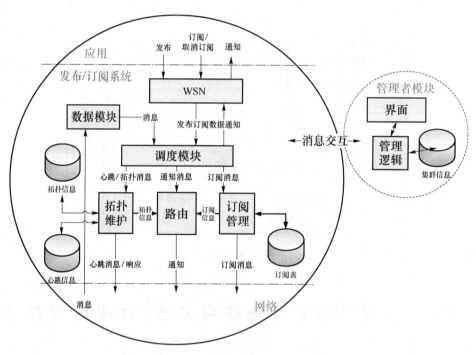

图 5-11 系统内部详细结构

1. 调度模块

调度模块好比总线,把所有收到的消息分发到相应的处理模块中去,将来自 WSN 组件的发布消息分发到路由模块进行封装路由;将来自 WSN 组件的订阅请求提交到订阅管理模块进行保存处理;对来自别的代理的消息进行解析并转发,比如将心跳消息和控制消息转交给拓扑维护模块。该模块结构如图 5-12 所示。

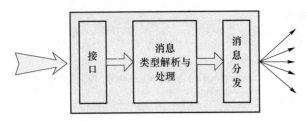

图 5-12 调度模块结构图

调度模块以接口的形式出现其他模块之中,当功能模块需要处理消息时,即调用该接口。根据功能模块的种类,提供不同的接口,比如心跳消息处理接口、订阅消息处理接口等,它们都可以由一个统一的类来实现,以便利用共同的资源和代码管理。调度模块内部最重要的是如何解析消息的类型及其相应处理。为了正确处理消息,必须对消息格式进行统一的定义,这可以通过一个表示类型的域来标识。消息可以以多种形式呈现,比如XML 文档,XML 的好处在于它是一个通用的标准,可以做到平台无关的处理,只是处理XML 格式的消息需要额外的 XML 解析器,这可能要依赖于第三方的代码。鉴于本文使用 Java 进行开发,作者更倾向于使用 Java 的类型来表示消息的类型,同时利用 Java 的序列化与反序列化能力来对类进行传输和恢复,Java 的 Instanceof 操作符可以方便地判断类的类型从而为消息解析服务。消息的分发需要功能模块提供接口进行支持,例如 WSN组件提交一个通知需要转发时,调度模块调用路由模块的路由接口进行处理。

2. 数据模块

数据模块用以监听接收来自其他代理发送的各种消息,比如订阅消息、事件消息和心跳消息等,并把这些消息提交到调度模块做进一步的处理。如图 5-13 所示。

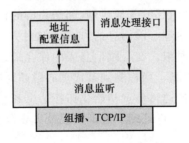

图 5-13 数据模块内部结构

消息的承载方式分为两种:IP 方式和 TCP 方式。一般的消息使用 IP 方式,减少网络开销,同时使用组播技术,提高带宽利用率;较为重要的控制消息,比如与管理者交互的消息使用 TCP 的方式,先建立连接,然后传输,保证消息的可靠性。另外,为每一条 TCP连接分配单独的线程可以提高系统的并发度。数据模块提供运行时改变配置信息的能力,比如改变端口号和组播地址。对组播地址的改变,意味着要先退出原来的组播组,然后加入新的组播组,这个过程要重启线程,同时要保证线程安全。如果主机有多个网卡,还要具备在不同 IP 地址之间切换的能力。数据模块调用消息处理接口把每条收到的消息转交给调度模块进行响应处理。

3. 拓扑维护模块

此模块的作用在于维持系统在一定的拓扑结构下正常地运行,为此它应该保存当前系统所形成的拓扑结构的必要信息,比如与本代理节点直接联系的节点有哪些、节点之间的联系如何保持、当节点丢失时该进行怎样的处理以保证整个系统依然能够正常运行。内部结构如图 5-14 所示。

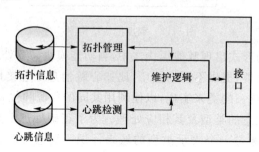

图 5-14　拓扑维护模块结构图

拓扑信息包括代理自身的 ID 值、处在同一集群的其他代理的信息、集群代表的信息、其他集群的信息、邻居集群是哪些。这些信息都是在加入拓扑的过程中,通过与当前存在的其他代理进行交换获得。拓扑信息的两大重要功能是,体现当前的链路状况和在路由消息时得到正确的目的地址信息。为此,要对代理和集群两个概念用类进行表示,将那些基本信息以成员变量的形式表现。对于同一集群的代理信息,可以用一个以"ID 值—代理类"为键值对的哈希表表示;对于集群信息,可以用一个以"集群名—集群类"为键值对的哈希表表示。每次对表的修改都要通过消息及时通知其他代理,保证拓扑信息的统一。心跳检测用以检测与本代理直接相关的代理的存在状态。与本代理直接相关的代理有:如果本身是代表,就包括集群内部的其他代理、邻居集群的代表;如果本身是普通代理,只包括集群的代表。心跳检测通过心跳消息的方式通知对方本代理的在线状态,以预设的阀值来表示心跳消息的超时时限。在心跳信息表中保存最近一次收到的各个检测目标的心跳时间,并定时扫描进行检测。当检测到某代理心跳超时时,调用"维护逻辑"中处理失效代理的代码进行处理。维护逻辑负责初始化拓扑信息和心跳信息,同步拓扑信息,加入心跳检测对象,并对失效节点进行处理。处理失效节点要分代表和普通代理两种情况,但都涉及修改拓扑信息和订阅信息的操作。

4. 路由模块

路由模块用于正确转发事件消息。事件的消息可能来自本地,可能来自别的代理,无论是何种,路由模块都应该基于自身所拥有的订阅信息来计算出该把这个消息转发到哪个目的地。路由模块包含路由算法,同时依赖订阅管理模块提供的订阅信息。内部结构如图 5-15 所示。

路由模块的核心是路由算法,如何设计有效、高效的路由算法是本模块乃至系统的关键问题。路由模块对系统暴露路由接口,屏蔽实现细节,只要接口不变,算法可以有不同的实现。算法一般依赖于拓扑结构,所以路由通知时,需要从拓扑维护模块获取拓扑信息,从订阅管理模块获取订阅信息,然后用点对点或者组播的方式转发通知。该路由算法在集群内部使用组播转发订阅和通知,集群之间的订阅利用集群之间建立的拓扑结构传播,通知则利用订阅信息构造基于主题的 n 分转发树将通知点对点地转发给集群代表再进行组播。这种路由算法将通知的路由和订阅的路由分开,使根节点不至于产生过大的负载,同时可以充分利用组播的优点。

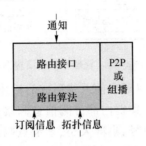

图 5-15 路由模块结构图

5. 订阅管理模块

订阅管理模块保存其他代理的订阅信息,通常以订阅表的形式存在。本模块应提供订阅信息的增、删、改、查的功能。另外,它应具备与其他代理互通订阅信息的能力。本模块结构如图 5-16 所示。

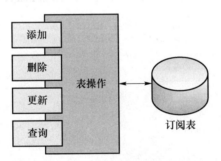

图 5-16 订阅管理模块结构

订阅管理模块通过代理订阅表和集群订阅表来分别记录本集群的代理的订阅信息和其他集群的订阅信息,当本地提交订阅时,要在集群内部组播该信息,删除和更新时也要进行同样的操作,代表还要负责将订阅信息转发给其他集群,从而保持订阅信息的一致。在系统启动的时候,订阅管理模块初始化订阅表,同步订阅信息。路由模块通过调用查询接口获得某主题下的订阅者。当代理节点失效时,也要删除相应的订阅表项。

6. 管理者模块

管理者模块是独立于其他模块的一个部分,作为管理者的代理并不进行发布/订阅的操作,而是作为拓扑的管理角色出现,协助建立拓扑、维护拓扑、查询和配置代理信息。管理者代理是系统运行的前提,因为所有其他代理的启动都要与之交互,并得到配置信息和集群信息才能正常运行。管理者代理必须保证一直在线并正常运行。内部结构如

图 5-17 所示。

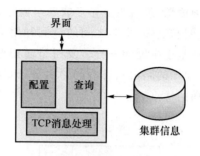

图 5-17 管理者模块结构图

管理者模块有一个界面,可以对当前系统形成的拓扑信息进行查询,查询功能包括集群注册信息、集群内部成员信息、集群内部订阅信息和集群的历史信息;还可以对系统进行配置,包括配置组播地址、端口号、集群大小、子节点数量等,允许运行时的配置。管理者与代理之间的交互统一通过 TCP 的方式,因为与管理者的交互一般涉及拓扑的建立和维护,需要可靠的消息传输。

第6章
工业监控物联网数据呈现层

第一节 面向服务的工业监控组态软件

1. SCA 技术

SCA 服务组件架构是用来创建服务并将这些服务集成到组合应用程序的一门技术，是一系列用来描述使用 SOA 面向服务架构创建应用或系统的规范。SCA 技术的关键问题是怎样从一系列互联的部分中构建一个新的系统。在 SCA 中看，这些部分通过执行一定功能的服务进行交互。服务可能由不同的技术或编程语言实现。比如，一个服务可能由 Java、C++或者特定的语言比如 BPEL 实现[7]。服务也可能会被集成到同一个操作系统进程，或者分布在跨越多个进程的不同机器上。SCA 提供了一个构建这些服务的框架，在这个框架里描述了服务与服务之间的交互与绑定。SCA 创建了一套先进的方法用来实现服务创建，并且 SCA 是在开源标准的基础上构建的，比如 Web Service。SCA 鼓励在实现业务逻辑的组件的基础上进行编码，这样提供了面向服务接口的能力，并且这些组件也是通过对其他组件开放出来的接口的组合实现的，这就是服务引用。在 SCA 服务组件架构中，完成一个应用包括两步：(1)提供服务或者消费服务的服务组件的实现；(2)使用服务与服务之间的连线构建应用程序的组件集成。SCA 支持使用多种语言来实现服务，包括面向对象和面向过程语言、XML 语言、声明语言。SCA 同时支持广泛的编程风格，包括同步和异步的消息调用方式。SCA 支持一系列的服务绑定机制，包括 Web Service、消息系统、Corbar、Iiop 等。绑定通过声明方式处理，并且是独立于实现代码的。基本能力包括安全、传输、可信赖消息的使用，也都是通过独立于实现代码的声明方式进行处理的。SCA 通过使用策略来定义基本能力的使用。同时，SCA 也促进了使用 SDO（Service Data Objects）来对业务数据进行表现。SDO 对服务参数、返回值进行了统一的规范，并提供统一的业务数据访问方法来实现统一的 SCA 业务服务访问。

　　SCA 按规范被分成一系列的文档,每个文档处理的是 SCA 的不同方面。集成模块通过连线方式处理组件之间的连接,并且它是独立于实现语言的。客户端和实现规范处理服务的实现细节和客户端。每个实现语言有自己的客户端和对 SCA 模型的实现规范。当前的 SCA 规范已经发布到了 0.95 版本,意味着这些规范还不是最终的规范。SCA 主要解决两个问题,分别是系统的复杂度和重用性。首先,SCA 提供了一个用来构建分布式系统的简单的编码模式。当前,主流的编程模式变得特别特别复杂,比如写一个暴露 Web Service 的 Java EE 应用程序执行某些处理,并提供一个消息系统接口来与 JAX-WS、JMS、EJB 的系统进行集成。这样的复杂程度受到 Java EE 的局限,对于.NET 来说也有同样的趋势。使用.NET 来写一个同样的应用程序需要在理解.NET Web Services、Enterprise Services、.NET Messaging APIs 的基础上才能进行。然后对于 SCA 来说,如图 6-1 所示,SCA 提供了一个统一的方式进行应用程序的构建,应用程序可以使用不同的协议进行交互。

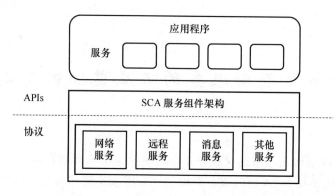

图 6-1　SCA 提供统一方式构建分布式应用

　　SCA 关心的另一个问题是可重用问题,包括代码重用的两种基本方式:同一个进程内的重用和跨越不同进程的重用。面向对象编程语言引入了很多新的特性,包括接口、类、多态、集成,这使得应用程序可以被分解成许多在同一个进程内的更小的单元。通过对应用程序的类进行组织,面向对象代码比面向过程编写的代码更容易访问、重用和管理。

2. 面向服务的组态软件系统

　　组态系统在工业中的位置如图 6-2 所示。工控过程中通过传感设备的现场采集获得实时监控数据,监控数据经过网络传输被采集中心采集抽样到数据库。图形组态系统通过对数据库数据的读取实现数据的实时展示和对现场的实时监控。

　　在图形组态系统中,定义了丰富的图形组件,通过对图形组件搭积木的方式实现系统控制。图形组态软件面向的是某一个特定领域的应用,比如煤矿,那么其对该特定领域的控制逻辑功能也已经嵌入在系统代码中。如果想要将面向煤矿的图形组态系统应用到其他领域,比如电力,那么煤矿已有的控制逻辑是不能满足电力系统的需求,限制了图形组态软件使用范围。造成这个问题的关键原因是 UI 功能与控制逻辑是耦合在一起的。本文提出使用 UI 服务组合方法对组件之间的控制逻辑的交互进行改造,将 UI 功能从控制

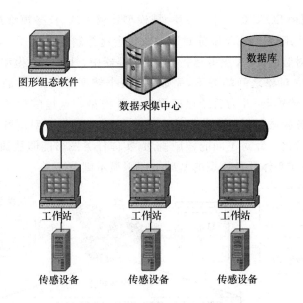

图 6-2　组态系统在工业中的位置

逻辑中解耦出来,并通过配置的形式实现 UI 功能与控制逻辑的绑定,以适应不同应用领域的需求。其次,传统的图形组态系统对组件的重用是一级重用,重用性不是很高,如图 6-3 左侧所示。那么将 UI 与控制逻辑分离的另一个好处就是能够通过分层建模的方式实现 UI 的多级重用,如图 6-3 右侧所示。通过将 UI 从整体到局部的角度进行建模实现高可重用的目的。

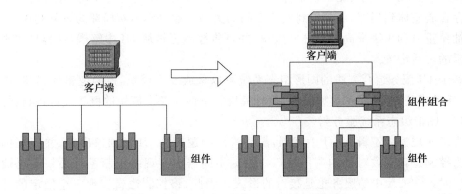

图 6-3　图形组态软件组件重组改进示意图

　　总的来说,本文提出一个使用 SCA 技术将组态软件的控制逻辑封装成为服务的方法,并通过 SCA 实现 UI 功能与控制逻辑服务的绑定。当系统应用到不同的领域时,只要增加相应的控制逻辑然后绑定到 UI 功能,以此来应对不同领域的业务需求。当业务逻辑从 UI 分离之后,UI 可以通过分级建模的方式实现 UI 在不同层级的复用。本文提出一种基于 DTS 的模型包括 Domain、Task、Show 模型,它们分别在 UI 最小粒度、UI 抽象、UI 细节三个方面分别对 UI 进行建模。在基于 UI 服务组合方法的图形组态系统中,用户能够根据控制需求灵活配置控制逻辑,并能够将模块化的 UI 进行重组再利用,以便提高系统的灵活性和图形开发的效率。基于 UI 服务组合方法的图形组态系统结构如图

6-4 所示,系统主要由 SCA 服务封装模块、域模型建模模块、任务模型建模模块、显示模型建模模块、执行模块组成。SCA 服务封装模块负责将控制逻辑从 UI 中抽象出来,并建立统一的接口,同时封装的 SCA 服务运行在 SCA 容器中。Domain 模型建模框架能够对对象进行分析,并建立对象之间的关系,完成 UI 最小粒度建模。UI 最小粒度在图形组态软件系统里主要是传感器,并为后续建模提供元件模型。这里的问题领域主要指图形最小粒度原件,其业务领域包括其自然属性和服务属性。任务模型建模模块负责将图形资源进行“抽象/实体”化。针对不同的领域概念,实体任务图形能够从抽象任务图形中快速转换。显示模型是在实体任务模型的基础上完善显示细节。

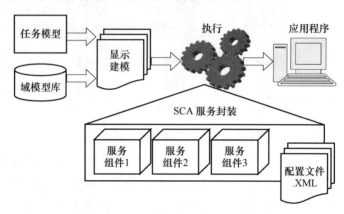

图 6-4　系统结构图

其中,域模型、任务模型、显示模型都是从不同的角度对 UI 进行的建模,并且这三个模型之间存在着整体到局部,从抽象到实体之间的关系。通过整体对局部的重复利用,通过实体对抽象重复利用来提高图形开发效率,并且将控制逻辑从 UI 中解耦,这容易实现对控制逻辑的灵活配置。

基于 UI 服务组合方法的图形组态系统可以分成 5 个模块,控制逻辑的封装、域模型建模、任务模型建模、显示模型建模、执行模块。下面对各个模块的概要设计进行描述。

（1）图形组态系统服务封装

为了实现控制逻辑从 UI 中解耦,需要将控制逻辑从 UI 中抽象出来,并使用抽象接口作为控制逻辑一致对外的调用接口。根据不同需求实现的控制逻辑必须实现抽象接口。同时,在 SCA 中的服务也是接口的形式。因此,将控制逻辑实现一个固定的抽象接口容易将 SCA 技术引入。在图形组态软件中,控制逻辑主要是针对图元,那么在图元中的功能主要包括复制、移动、删除、鼠标事件、对象的属性等,把这些功能抽象出来作为接口。

（2）图形组态系统域模型建模

Domain 模型建模框架能够对对象进行分析,并建立对象之间的关系,完成 UI 最小粒度建模,在图形组态软件系统里主要是传感器,并为后续建模提供元件模型。在其基本的形式中,域模型应该表达他们的属性、方法、绑定服务、关系相关的重要实体。Domain 模型能够形式化描述对象的属性,是 Task 模型的基础,为实体任务模型提供元件,实际运行的时候,获得对象属性作为运行时数据来源。在图形组态软件中,域模型建模主要是针对传感器进行建模，包括传感器代表外观设计、SCA 服务导入及绑定。对于图形软件来说，用户有根据需求进行传感器外观设计的能力。传感器的创建是在基本图形（基本图形为矩形、圆形、线性、三角形等）的基础上通过搭积木的方式完成，并以 XML 的格式进行保存。

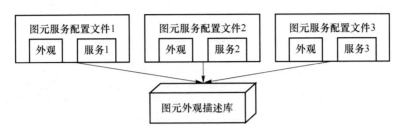

图 6-5　域模型库设计图

其次，该模块能够将 SCA 中的服务导入，读取 SCA 配置文件。用户选择其中的一个或者多个服务与图元进行绑定，并以 XML 的格式保存在域模型库中。其中域模型库的设计，首先通过图形的 N 值状态进行分类，其次通过服务名称对图形进行分类。对于绑定到同一个图形的不同的服务产生出不同的图元（图元和图形的区别：图元是图形＋服务）。保存时，通过图元命名规则为每个图元创建不同的文件夹，在每个图元的文件夹下包含图形外观描述文件和服务描述文件。

（3）图形组态系统任务模型建模

在基于 UI 服务组合方法的图形组态系统中，任务模型建模模块负责将图形资源进行"抽象/实体"化，针对不同的领域概念，实体任务图形能够从抽象任务图形中快速转换。所谓的图形"抽象/实体化"是将图形当作一个任务，并从抽象的角度对任务建立架构，在抽象的任务架构的基础上对其实例化。通过这样的划分，有利于抽象任务的重复利用，同时在实体任务模型建模过程中，将显示模型与之结合，在创建实体任务的同时通过拖曳的方式创建布局信息，能够提高图形开发效率。

（4）图形组态系统显示模型建模

显示模型是在任务模型的基础上实现，通过对任务模型节点进行布局完成显示需求。其实现过程为：首先通过拖曳的方式确定任务模型节点的布局；其次将布局好的任务模型进行转化，使用图形描述符号对任务模型进行描述。

（5）图形组态系统的执行

执行模块，包括生成和执行。生成步骤，解析显示模型，将显示模型中的＜Container＞节点以数组表示，将＜Task＞节点通过其图元类型查找域模型库并将其画出来，并将该图元添加到容器数组中。执行步骤，在生成每个非容器图元时，为每个非容器图元分配一个执行引擎，通过执行引擎来控制每个图元的执行逻辑。执行过程中，图元的执行引擎定时将自身画到画图缓冲区中，界面定时从画图缓冲区复制到界面进行显示。当界面有鼠标操作时，界面将鼠标事件适配到相应的图元执行引擎中去，通过图元执行引擎的控制逻辑调用图元绑定的服务对图元进行操作。其整体模块如图 6-6 所示。

执行的基本步骤为：

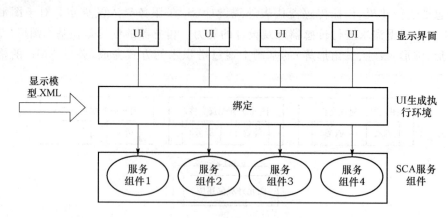

图 6-6　执行模块结构图

① 封装图形组态软件为粒度较小的服务组件并部署到 SCA 容器中；

② 将显示模型的 XML 描述文件导入到执行模块；

③ 执行模块结合域模型描述文件，将显示模型中的 UI 元素表现出来，并与 SCA 服务组件的实例进行绑定；

④ 执行模块生成 UI 程序；

⑤ UI 程序显示实时数据，并对故障进行闪烁报警；

⑥ 单击图形，向 SCA 发出服务请求，包括变色、移动、封锁等操作；

⑦ SCA 相应的服务组件响应服务请求。

第二节　工业监控语义报表系统

随着信息技术的快速发展，企业信息化成为企业发展的重要路径。企业决策者在做决策时，越来越倾向于借助计算机来对企业的各种数据进行分析并从中获得启发。报表是企业进行数据整理、格式化和数据展现的一种有力手段。通过报表方式可以为用户提供形式化、具有统计结果、丰富直观的数据信息。报表有助于深入洞察企业运营状况，是企业发展的强大驱动力。报表的目的是通过组合表格、图形、文本等元素进行动态数据的展示。计算机出现并进入人们的生活和工作，人们摒弃了用纸和笔人工记录数据的报表方式，开始寻求能够自动化展示数据的报表工具[3]。报表工具使用户可以通过可视化界面进行报表模板制作，并通过计算机的解析和运算能力提取数据进行展示。报表系统在现代信息行业中的应用有着举足轻重的地位。几乎所有的行业中都会涉及报表的生成和管理。在一些行业像物流、金融、工程检测等行业中，工作的业务中无时无刻不需要生成各种数据各种样式的报表。人们通过报表这种直观的形式，总结业务、查看信息、汇报信息，甚至通过报表系统本身对数据做分析和挖掘，提供重要的决策信息。这就要求报表系统能够适应来自多方面的数据源，比如不同的数据库中的数据、不同的应用中的数据等，要能够提供灵活的报表样式定义功能，满足复杂多变的报表样式的需求。而且随着业务的变化，系统的更改重建，报表系统也必须具有很好的通用性和可重用性，这样才能在业务规则变化或者系统变更的时候,最大限度地重用原来的有用业务,减少重新开发的工作,加快系统的建设,更好地应对快速变化的市场需求。由于通用报表的可变因素很多,因此实现的技术架构、思路和开发方法至今没有一个相对固定的模式。根据目前的报表系统进行归纳,总体上分为以下几种。

(1)基于数据库管理系统的报表

基于 DBMS 的报表系统一般依赖 DBMS 厂商提供的工具或语言进行开发,开发完成后的报表软件模块可以在一定程度上支持用户自定义报表。开发这类报表系统的特点是快捷、方便,但无法突破对某一 DBMS 的依赖性,无法自由定义和实现跨平台连接多目标数据源的功能,在数据处理方面,则把大部分的数据获取和对数据的统计计算交由 DBMS去实现,报表系统无法控制具体计算过程。从本质上看,可以认为这类报表系统只不过是为数据库数据的获取和展示提供了友好的人机界面,帮助不懂 SQL 语句的用户直观、方便地查询和展示数据库数据。

(2)报表控件

一般侧重于灵活的表现形式,能对输入或导入数据进行多种计算,并且可以根据计算结果展现相应的图、表,在一定程度上实现较复杂的报表自定义功能。这类报表控件一般由高级语言开发,生成的控件能方便地被程序员应用到 MIS 系统中以加快开发进度。报表控件的技术目标为通用和易于被其他开发者调用,因此往往提供多种语言接口,建立复杂的函数库。另外,报表控件不能突破其固有限制,控件的灵活性和可扩展性都不是很强。这类控件一般只提供目标数据源连接接口,通过 ODBC 或 JDBC 标准与大部分 DBM进行连接,但读取连接数据库的数据则需由用户输入 SQL 语句完成。

(3)通用报表

一般的报表系统是针对固定的信息系统开发的,而且用户的自主权也只局限于系统发布时所指定的范围内。那么,当用户的需求变化已超出了这种预定的界限。针对此问题,相应地出现了通用报表,它一般具有连接目标数据源灵活、操作方便、性能佳和能满足用户多方面报表需求等技术特点,但目前的通用报表系统只能连接单目标数据源。

1.语义报表系统

由于传统报表系统中需要制表者在制作报表时引入数据集,则要求用户掌握数据源的具体信息,包括数据存储位置、连接方式等,不但增加了制表的复杂度,也降低了数据的安全性。因此,本文基于传统报表系统的不足提出一种基于语义的报表系统,其系统架构图如图 6-7 所示。

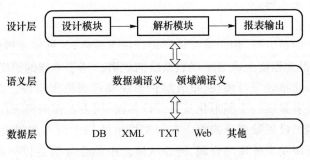

图 6-7 语义报表系统架构图

下面从需要解决的问题出发,通过用例图、功能模块图来分析语义层、设计模块、解析模块和输出模块的功能需求。

(1)数据层

数据层是报表系统的基础,也是报表最终所展示数据的来源。随着科技的进步,数据的形式越来越多样化,可以包括人工记录的数据、数据库数据、XML 存储的格式化数据、网络数据等。在语义报表系统中数据层分为数据库访问逻辑模块和底层数据实体两部分,主要功能如下。

数据访问逻辑模块以方法的形式封装"连接建立""数据访问""数据封装"等功能并提供给上层直接调用,达到获取数据的目的。

底层数据实体是数据访问逻辑模块操作的对象,即访问逻辑模块根据底层数据实体的实际情况建立对应的连接,并根据上层的需求访问底层数据实体并将查询结果以一定的格式封装并返回。

底层数据实体为语义层建立的数据语义提供数据端来源和依据。技术人员在建立数据语义时,需要掌握底层数据实体的具体存储信息,并建立语义模型来描述这些信息。

(2)语义层

语义层是语义报表系统的核心模块,承接数据源与报表设计器,其目的在于通过语义信息描述底层数据并呈现给设计层,用户在设计层上通过对语义信息的引用制作报表,无须关注底层数据存储情况,也无须编写复杂的 SQL 或脚本等。语义层的建立由技术人员发起,包括三个用例:建立数据端语义、建立领域端语义、建立数据端和领域端语义关系。语义层通过建立数据端语义、领域端语义和两者的关系,将难以理解和操作的数据转化成易于理解的业务信息,使得用户可以通过对易于理解的业务信息达到处理数据、制作报表展示数据的目的。制作报表的过程可以理解为提取数据并展示数据的过程,传统报表系统要求用户掌握底层数据的具体存储信息,并通过编写 SQL、脚本、复杂公式和编程等技术从大量的数据中提取需要的数据。因此,数据操作的复杂性往往造成报表系统的功能和性能瓶颈。本文引入本体概念,通过创建本体库来存储业务术语、数据库信息和相互关系等从而构建语义层。本体的目标是通过一系列词汇和规则来描述现实社会存在的物体和事物之间的关联,使得计算机能够通过这些规则理解自然语言,让人和机器可以自由沟通。基于本体的语义层是实现信息语义化的中间层、承接数据层和设计层。在语义层中,通过实现本体库的建立将所有需要的信息通过本体模型的形式具体化,使得成为可查询的有具体含义的信息。信息包括企业涉及的专业信息的概念、相关属性等,以及企业数据的来源、形式、相互关系等。

(3)报表设计层

处于报表系统的最上层,用户通过该层设计报表模板,并最终获得包含数据的完整报表,其功能和性能很大程度上决定了报表系统的优劣。基于本体的语义系统中,设计层包括面向用户的图形化报表设计模块、报表解析模块和报表输出模块。设计模块基于语义层本体信息为制表者提供一个图形化报表设计界面,制表者根据需求在界面上绘制报表、关联数据、定义参数、设置数据格式等。在本文提出的基于语义的报表设计模块中,通过对建立好的领域资源端本体库的查询,将领域概念中的业务信息以树形格式展示在报表设计界面。用户可以通过拖曳这些易于理解的语义信息来完成报表的定义。当拖曳资源信息至某个表格或设计界面上的某个位置,则相应的语义脚本会被设定而不需要用户手动输入,并且这些语义脚本是易于理解的。用户也可以根据特定需求,通过界面操作继续完善这些脚本实现个性化的语义脚本。因此,即使是不懂数据存储细节、编程和脚本编写等知识的业务人员也可以通过对业务信息的直接使用实现制作报表的目的。

（4）解析模块

传统报表系统中,用户制作报表时首先需要对报表关心的数据源建立数据集,并在设计面板上手动输入与用户建立的数据集相对应的脚本,本文称为数据脚本。因此,传统报表系统中的解析模块直接解析报表模板中的数据脚本,并获取对应的数据来源。本文提出的语义报表系统中的报表解析模块在传统报表解析模块上增加语义解析层,负责对报表模板中的语义脚本进行解析转化为对应的数据脚本,并将数据脚本传送给传统数据解析模块解析,并最终获得具体的数据来源信息。这种设计思路屏蔽复杂的数据源信息,简化了用户操作接口,使得用户不需要关注数据源信息,手动编写数据脚本,只需要关注业务信息,即可制作报表。报表设计器的另一个核心模块是报表解析模块。用户通过报表设计模块设计制作报表形成一个包含布局、语义脚本、参数、数据格式等元素的报表模板,该报表模板不包含最终呈现的具体数据,要得到一个包含最终数据和正确格式的完整的报表,需要将报表模板传送给报表解析模块。解析模块的主要功能包括如下几个方面。

① 导入报表模板文件:该过程是解析过程的第1步,将报表模板文件 XML 文件导入到内存中,后续的解析过程都是基于内存中的报表信息进行的。该功能又可细分为导入语义脚本、导入数据脚本和导入报表格式信息。

② 解析语义脚本:解析在报表制作过程中通过拖曳业务信息到设计面板后自动生成的语义脚本,并在语义层提供的语义信息中查询语义脚本对应的数据来源存储信息。

③ 解析数据脚本:在制作报表过程中高级用户可能会通过原始方式编写数据脚本,则解析模块需要提供解析数据脚本功能获取脚本对应的数据源存储信息。

④ 解析报表格式信息:解析报表中的布局设置,包括表格格式、图形格式、文本格式和其他如页面大小、背景等与数据无关的格式。例如,解析交叉表格时需要展开行头、列头、交叉单元格,如果其中包括多层行头则解析器逐层展开行列头。

⑤ 连接数据源:根据数据来源信息建立数据连接。

⑥ 提取数据:根据前面的解析过程和建立的数据连接提取相应的数据。

⑦ 建立报表视图:根据"提取数据"功能得到的数据和"解析报表格式信息"功能得到的报表具体格式构建二维视图,构建视图的过程主要包括绘制图表、套用格式的文本(包括数据)、页面布局的设置等。

（5）输出模块

报表输出模块接收来自解析模块的报表视图并打印视图,在输出面板上以一定的格式显示最终包含数据的报表,输出模块的主要功能包括如下几个方面。

① 打印报表视图:将报表视图按页顺序打印到输出面板中,当报表无法全部显示在屏幕上时用户可通过拖拉滚动条预览报表。

② 切换模式:用户制作报表过程中可以在编辑模式和预览模式间切换,即可以通过

输出模块在预览面板预览当前的报表,检查报表的格式、数据、排版等内容是否正确,若不符合预期目标,可以切换回编辑模式再次更改,提高制作过程的灵活性。

③ 导出报表:输出模块提供导出功能,可以将报表导出成所需的文件格式。本文设计的语义报表系统输出模块支持 Pdf、Word、Html、Excel 等报表文件的导出。

本文语义报表系统的总体设计思路是,由技术人员根据底层数据信息构建语义层本体库并向设计层呈现语义信息,使制表者无须关注具体数据存储信息,而把精力放在业务信息的表达上。结合系统架构图,可以分析出语义报表系统的数据流向,基于语义报表系统制作报表的全部流程,如图 6-8 所示。

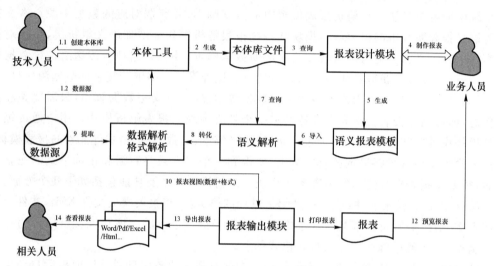

图 6-8　语义报表系统制作报表流程图

流程说明如下。

① 技术人员借助对领域知识和企业业务信息的理解,以及数据源的具体存储信息,通过本体工具创建本体库。

② 本体工具生成本体并存储于本体库文件中。

③ 报表设计模块导入本体库文件查询相关业务信息,并以一定的格式在设计器界面显示。

④ 业务人员即制表者通过对业务信息的拖曳、过滤条件设置、参数设置、格式设置等一系列操作完成报表制作。

⑤ 制作完成的报表被保存成一份语义报表模板文件。

⑥ 语义解析模块导入语义报表模板,并解析报表中的语义脚本,将其转化成相应的数据脚本。

⑦ 解析语义脚本过程中需要对本体库文件中的本体数据进行查询,获取语义脚本在本体中对应的领域端和数据端本体信息,并最终转化为数据脚本。

⑧ 解析报表中的数据脚本、语义脚本转化的数据脚本和报表的格式。

⑨ 根据数据解析的结果建立数据源链接,并从数据源提取数据,构建二维视图。

⑩ 将解析模块获取的报表视图(数据＋格式)传送给报表输出模块。

⑪ 报表输出模块接收报表视图,并在展示面板输出报表。

⑫ 业务人员可以预览报表,检查数据和格式。

⑬ 报表输出模块提供导出功能,用户可以导出工具支持的不同格式的报表文件。

⑭ 导出的报表文件可供企业内外相关人员阅览。

第三节　工业监控 SVG 矢量图

随着 Internet 技术的普及和发展,图形图像技术作为 Web 浏览技术的基础,为建立一个全新的互联网行业发挥着至关重要的作用。目前,Internet 技术在图形图像方面的发展还不够成熟,从浏览器的核心技术来看,它对于图形图像的支持还仅限于对图像的简单显示。随着图像应用的逐渐深入,图像自身的一些缺点,如文件较大、在不同设备上的显示效果不同等问题也日渐暴露出来。从某种程度上说,也限制了 Web 浏览技术的进一步发展。SVG 就是在这种情况下发展起来的。可缩放矢量图形(SVG)是 W3C 的推荐标准,它使用 XML 描述二维图形结构和图形应用,可以在 Web 浏览器、手持设备或移动电话等多种设备上显示。目前,SVG 图形的生成方式主要有三种:①手工绘制;②工具绘制;③图元技术。SVG 语言虽然能够描述任意复杂的图形,但是在需要处理大量复杂图形的行业,如地理地形图和大规模的工业图形设计中,手工编写代码绘制 SVG 图形出错率高,对图形的修改也不方便[2]。现有的 SVG 图形绘制工具虽然可以绘制出大量的复杂图形,但是行业适用性不高,同时在处理图形的重复绘制上效率较低。采用图元技术描述 SVG 图形能够减少代码的重复性编写工作,极大地提高图形绘制效率。有研究提出了一种基于 SVG 的图元对象模型,通过对工业图形分类来定义图元以提高图元的重用性[3];还有研究通过构造行业 SVG 图元库绘制地形图[4]。采用图元技术能够降低图形绘制的复杂度,提高代码的可重用性,图元之间的低耦合性也使得我们能利用图元构造较复杂图形。随着 SVG 技术的广泛应用,构建各个领域中的图元库也成为迫切需求。目前,存在大量成熟的图形绘制工具,并存在一些专业的图形库。而现有 SVG 绘制工具在工业化图形设计中的能力有限,因此可利用已有的图形库来构造 SVG 图元库。SVG 架起了图形设计和编程之间的桥梁,它让开发者通过一种简单的编程语言就可以创建和实现复杂的图形和动画。SVG 一些高级的特性更使其具有独特优势来吸引众多的用户。随着各大厂商提供的对 SVG 格式的支持,SVG 技术的应用领域将越来越广阔。

1. SVG 技术特征分析

(1) 基于 XML

SVG 的语法和结构是基于 XML(Extensible Markup Language,可扩展标识语言)。XML 是一种重要的 Web 技术,它是一套定义语义标记的规则,这些标记将文档分成许多部件并对这些部件加以标识。它也是元标记语言,即定义了用于定义其他与特定领域有关的、语义的、结构化的标记语言的句法语言。用户可以定义自己需要的标记。这些标记必须根据某些通用的原理来创建,但是在标记的意义上,也具有相当的灵活性。XML 是下一代的网络开发语言,它提供的功能远远超过了目前使用的 HTML(超文本链接语言）。与 HTML 不同，XML 完全分离了网站内容和网站构架。当一个网站变得越来越复杂的同时，为了获得更好的管理和交互，网站开发者同样需要一个比 HTML 更优秀的网络开发语言和工具。通过定义结构数据类型，用户端应用程序能够使用 XML 进行显示和处理，而不仅像 HTML 那样仅能显示网页或数据。例如，一个利用 XML 标签定义的电话号码，可以根据需要，由浏览器进行拨号。XML 所具有优秀的扩展性，使得它在网络工业应用上，比 HTML 有着更大的空间和前景。CAD 和图形设计程序通常会将设计图存储为私有的二进制文件，如果没有设计图的原始文件，其他人只能看到图形的展示效果，而不能使用这些图形或图形的一部分，以及对图形进行修改。虽然保护了个人的版权，但不利于优秀的设计在全世界的传播和图形可重用性的提高。由于 SVG 是基于 XML，这意味着它是人类可读格式，并且可在其他基于 XML 的技术，如 XHTML、CCS、DOM 和 SMIL 中对其进行控制、交互性操作。SVG 的开发和创作都是基于 XML 的，因此我们能在 SVG 中开发出更多新的功能以提供更多的网络服务。例如，制作智能化的数据图像。图像中的数据可以根据需要，由应用程序读取、修改和统计并最终在图像中显示。使用 XML 中的 XLINK（扩展链接）标签，SVG 也可以在图像中调用位图图像。这些应用是目前 HTML 和相关图像技术远不可及的。通过 SVG 格式制图在导入和输出方面的性能，能获得更为普通和标准的信息交换格式。它保证网络图像能够顺利地和目前已经由 W3C 开发的 DOM1、DOM2、CSS、XML、XPointer、XSLT、XSL、SMIL、HTML、XHTML 技术和其他标准化技术，如 ICC、URI、UNICODE、SRGB、ECMA Script/Java Script、Java 协调一致。

（2）矢量图像

图像通常分为矢量图像和位图图像。矢量图像利用点和线等矢量化的数据描述图像，并在图形中包含色彩和位置信息。矢量图像的最大优点是"分辨率独立"。当显示或输出图像时，图像的品质不受设备的分辨率影响，能够提供高清晰的画面。矢量图像相对于位图而言，更适合用于直接打印、印刷或输出到一些小型设备，如手提装置上。对矢量图像进行放大和缩小操作并不会影响图像品质。而位图图像则使用我们称为像素的一格一格的小点来描述图像。计算机的屏幕其实就是一张包含大量像素点的网格。因此，一般的位图图像都很大，会占用大量的网络带宽。位图图像受到分辨率的影响，因此常常出现图像边缘锯齿和放大后"马赛克"现象。GIF 和 JPEG 是目前网络普遍使用的位图格式。SVG 作为矢量图像格式，同样具备了矢量图的诸多优点，适合在网络中传输和应用。SVG 除了矢量图的优势，也同样保持了对位图图像的正确表达功能。对于 Web 上众多的终端用户来说，基于 SVG 的图形图像与 GIF、JPEG 相比较，在信息显示方面具有以下独特的优势。

① 文本独立，可搜索：SVG 图像中的文字独立于图像，可以进行编辑和搜索。同时，也不会再有字体的限制，用户系统即使没有安装某一字体，同样可以看到这些字体。

② 良好的移位和任意缩放性能：用户可以自由地移动和缩放图形、图像而丝毫不会影响其清晰度等质量。同时，SVG 图像的清晰度对于任何屏幕分辨率或印刷分辨率，均具有较高的图形质量。

③ 超强的色彩控制和显示效果：SVG 图像具有一个 1 600 万色彩的调色板，SVG 规

范支持 ICC 标准、RGB 色彩空间、线性填充和遮罩,具有更高的图形、图像质量。同时,SVG 可以实现大量的光栅图的特效,例如滤镜、光照和过渡等。

④ 超强的应用交互性:由于 SVG 是基于 XML 的,因而具有强大的动态交互性。SVG 图像能对用户动作做出不同响应,例如高亮、声效、特效、动画等。

⑤ SVG 图像可以基于数据驱动,实时动态创建:SVG 图像可以方便地由应用程序后端数据库中的数据实时动态创建,如动态页面服务,这样可以实时动态地反映信息数据的变化。

⑥ 纯文本格式、较小的文件尺寸和内存占用:作为纯文本格式,SVG 可以很好地跨平台工作,SVG 图像要比其他网络图像格式如 GIF 和 JPEG 容量更小,下载更迅速。

⑦ 利用 SVG 技术可以创建个性化图形:同样的内容,SVG 能够灵活地以各类用户感兴趣的方式在各自的终端上展示给他们或实现交互。虽然 SVG 图像作为矢量图格式,具有很多优点。但我们也看到,仍然有很多的图像设计师倾向于使用位图创作。这是因为位图常常可以使用大量的滤镜效果、纹理贴图和空间幻影等,加强图像的视觉效果。但因为位图的创作是直接针对像素操作,所以,一旦完成效果的添加,设计师几乎无法再进行修改。例如,输出一幅雾化效果的位图图像,您已经无法再恢复原来清晰的图像。使用 SVG 支持的矢量滤镜,设计师同样可以创作出大量流行的和普遍的滤镜效果。并且,这样的滤镜效果是可调整的。因为 SVG 的矢量滤镜并不直接针对像素进行操作,而是作为某一个对象的独立属性保存在文件中。修改图像效果只需要重新调整这些属性,就可以完成对滤镜的修改、替换和删除,非常便捷。SVG 的矢量滤镜对于远程协作和二次编辑,提供了极大的自由度。

（3）文本格式

SVG 文件是一元格式的。作为基于文本的格式,SVG 图像中的文字也是文本格式。这不同于现在图像和动画中的文字。目前,图像和动画中的文字实质上都是图像,而 SVG 中文字是独立的对象,文字是独立于图像的。因此,采用 SVG 制作的图像,其中的文字可以被网络搜索引擎作为关键词搜寻。同样是矢量图像和动画格式的 SWF 就不可能实现。利用 SVG 的这一性质,通过在 SVG 文件中定义的文字,就可以制作出非常高效的图像搜索引擎。图像中的文字也可以被用户浏览器查找。因为是文本格式,SVG 可以很好地跨平台工作,同时还可以解决相关的外部输出、色彩模式、网络带宽等问题。除此之外,SVG 的文字显示还提供了一些设置用户个人的字形字体、将文字按照某种特殊的路径进行排列和实现文字的旋转等方面的功能。文件格式是文本形式的,可以很容易地在以后任何时候进行修改,而且在页面运行的过程中,也可以对 SVG 文件的文字部分做实时的修改,其中的图形描述还可以被重复使用。简言之,文本格式使得 SVG 获得了与其他技术标准更大的交互和融合的特点。

（4）动画

从某种意义上,SWF 与 SVG 有很多惊人的相似之处。SWF 文件格式是 Flash 的输出文件格式。尽管 Flash 凭借其优越的表现形式和便利的创作工具成为目前网络动画设计的首选,SWF 日益在网络中普及,但是我们也应该看到,与 SVG 相比较,SWF 存在着以下的不足。

① SWF 是一个非开放标准。这就意味着该技术掌握在个体手中,技术的发展受到方方面面的限制。同时,SWF 与其他的开放标准也没有完整的融合方案。尽管 SWF 目前已经提供了对 XML 的支持,但这种支持是单方面的。随着 XML 和其他开放标准的发展,SWF 的不协调将日益显著。

② SWF 的可编辑性不如 SVG。SWF 作为最终的动画生成格式,其创作过程被封装在 SWF 文件中,几乎无法再进行二次编辑。同时,SWF 也不提供对文本格式的支持,因此无法获得类似 SVG 的查询图像中文字的功能。

动画技术是互联网中不可缺少的一个重要组成部分,是吸引访问者的重要手段之一,SVG 也同样有能力随时改变矢量图像外在表现的能力。SVG 图形具有交互性和动态性,动画可以通过直接声明或者通过脚本来进行定义或触发。SVG 中生成动画的方式如下。

① 利用 SVG 提供的动画元素实现:由于 SVG 的内容可以定义成动态变化的,因此利用 SVG 提供的各种动画元素,我们就可以得到各种动画效果,比如沿某路径运动、渐隐渐现、旋转、缩放、改变颜色等。SVG 的动画元素标准的制定者与 SYMM(Synchronized Multimedia)工作组合作,共同编写了 SMIL(Synchronized Multimedia Integration Language)动画规范,这个规范描绘了 XML 文档结构中使用的通用的动画特征集。SVG 不但实现了 SMIL 的动画规范,同时也提供了一些 SVG 的特殊扩展。SVG 定义了比 SMIL 动画更为严格的错误处理程序,当文档中有任何错误产生时,动画都将会停止。SVG 支持 SMIL 动画规范中定义的动画元素有 Animate、Set、Animate Motion 和 Animate Color。其中,Animate 元素用于改变 SVG 元素数值属性的不同值;Set 元素是 Animate 的简化,主要用来改变非数值属性的属性值;Animate Motion 是沿某运动路线移动 SVG 元素;Animate Color 元素则用于改变某些元素的颜色属性值。SVG 对 SMIL 动画的扩展元素和属性有 Animate Transform 元素、Path 属性、Mpath 元素、Rotate 属性。其中,Animate Transform 元素用来改变 SVG 转换的转换属性值;Path 属性可以改变 Animate Motion 元素中 Path 属性的所有特性;Mpath 元素是 SVG 允许 Animate Motion 元素包含 Mpath 子元素,它能够引用 SVG 中 Path 元素的路径定义;Rotate 属性是 SVG 为 Animate Motion 增加一个 Rotate 属性,用来控制一个对象是否自动进行旋转。

② 使用 SVG DOM:由于 SVG DOM 遵循 DOM1、DOM2 规范的大部分内容,因此 SVG 中的每个属性和样式都可以通过脚本编程来访问;另外,SVG 也提供了一套扩展的 DOM 接口,使得通过脚本编程实现动画效果的手段更方便快捷。脚本语言中的定时器可以很好地触发和控制图像的运动。

(5)交互性

SVG 和 SVG 中的对象可以通过 Web 技术和脚本语言(HTML、Java Script、DOM 等)接受外部事件的驱动,实现对自身或对其他对象、图像的控制,创建出交互式的图像和动画。SVG 中的交互性可以分为三个领域:链接、事件和脚本。最基本的交互形式是链接。在 SVG 中,通过一个<a>标签提供链接,这与 HTML 链接的方式几乎相同。将<a>标签与一个 xlink:href 属性结合使用,便可以建立一个链接。在<a>和</a>标签之间的所有内容都作为链接的一部分。所有 SVG 元素,不管是文本、圆、矩形,还是不规则的多边形,都可以作为一个链接。其功能与 HTML 中的 Image Map 基本上相同。不过,在 HMTL 中实现这一功能将是一个很麻烦的过程,需要用专门的软件在一个图像上手工绘制热点。如果已定义好的图像或者链接发生了改变,那么进行更新也是非常麻烦的。在 SVG 中,定义和维护链接则容易得多,这主要是因为链接可以随着 SVG 内容动态移动。

SVG 完全支持 DOM(Document Object Model,文档物件模型)。DOM 是一个平台和语言中性的界面,允许程序和命令语言动态地访问和升级内容、结构和文件格式。SVG 的 DOM 允许通过命令语言直截了当和高效地产生矢量图形动画。大量的 Even-thandlers,如 Onmouseover 和 Onclick 等,都可以分配给任何 SVG 图形物体。因为 SVG 和其他 Web 标准的兼容性和平衡性,像 Scripting 这样的特性可在同一个 Web 页面内同时影响 HTML 和 SVG 元素。由于 SVG 支持脚本语言,可以通过 Script 编程,访问 SVG DOM 的元素和属性,即可响应特定的事件,从而提高了 SVG 的动态和交互性能。因而,SVG 和 SVG 中的对象可以通过脚本语言接受外部事件的驱动,例如鼠标动作、键盘动作等,实现对自身或对其他物件、图像的控制,制作交互式的图像和动画。SVG 图像还可以方便地由程序语言来动态地生成。例如,使用 Java Script、Perl、Java 等语言,开发自动图像和动画生成系统。这对于一些数据库制表是非常实用的。在线图像还可以根据后台数据库中的关系量实时地进行动态改变。

2. SVG 技术的发展前景

SVG 架起了图形设计和编程之间的桥梁,它让开发者通过一种简单的编程语言就可以创建和实现复杂的图形和动画。SVG 一些高级的特性更使其具有独特优势来吸引众多的用户。随着各大厂商提供的对 SVG 格式的支持,SVG 技术的应用领域将越来越广阔。

(1)网络发展的需要,与其他开放标准兼容

如同 PNG 作为 W3C 的位图图像工业标准,SVG 是网络中解决矢量图像的工业标准。在 SVG 以前,除了 Macromedia 开发了 SWF 作为矢量的网络文件格式,还没有其他的矢量文件在网络中应用。因为位图文件受到本身的很多局限,在图形印刷和传输中,矢量文件有很大的应用价值。所以,必定会有相应的矢量标准得到开发和应用,这就是作为 W3C 的推荐格式的 SVG。使用 SVG 并不意味着我们将从此放弃现在的网络图像技术,如 GIF、JPEG、SWF。相比较这些目前有普遍应用的文件格式,SVG 更适合网络发展的需求,开发和应用 SVG 意味着获得一个更优秀的工具和方法。

(2)数据表格,图像地图

在应用领域,SVG 可以非常适宜地应用在数据表格和图像地图中。在 SVG 的源文件中,通过变量可以很方便地控制需要的图形生成。这就为网络图像数据表格提供了很大的应用前景。现有的 JSP 可以方便地构建动态数据网页,利用 SVG 则可以同样方便地绘制动态数据图像,例如数据分析中的柱状图和饼状图。制作图像地图同样是 SVG 的一大优势。由于 SVG 是矢量格式,图像可以在任何显示分辨率下获得同样的图像效果,文件放大观看时也不会有任何的品质损失,因而可以用于制作地图图像。它可以包含一个城市所有的地理信息,文件可以根据观看不同的需要,对不同的地区进行放大显示。同

时,每一个地理名词又可以独立地包含一段文字说明,或者包含相应的地理数据,但用户需要时,可以通过单击地理名词获得解释说明。这样的图像地图文件的文件大小也仅仅是 K 字节级别。

（3）无线设备的需求

SVG 另一个非常诱人的应用前景就是开发无线设备的图形和动画。目前使用的手机产品,其图像主要是 WBMP。这种格式是位图文件,受到传输大小的限制,并且不提供彩色的色彩模式。如果使用 SVG,只要在无线设备中安装一个文本解析器,就可以实现对 SVG 文件的识别和显示。同时,因为是矢量的文本文件,文件的尺寸不会很大,非常适合无线产品的网络传输。SVG 还提供动画和多媒体编辑功能,支持二维的平面动画,支持声音文件和视频文件的播放。结合一些其他的技术,例如 SMIL（多媒体同步整合语言）,就可以实现创建一个非常理想的多媒体无线终端解决方案。

（4）图像搜索引擎

不同于现在的二维图像,SVG 是一种可实现交互性和查询的文件格式。在 SVG 图像中,信息是一元代码形式的,是开放形式的。文字独立于图形信息,这就为图像搜索和查询提供了可能。例如,在一个 SVG 动画中,通过搜索某一个关键字,就可以在图像中查询到对应的信息。而这对于同样是矢量图像和动画格式的 SWF 就不可能实现。依据 SVG 的这种交互性,可以创建大型的图像搜索引擎。

（5）网页设计思想的改变

现在的网页设计,通常是在位图图像软件中绘制好整体页面图像,然后进行图像切割,最后完成页面的文字编辑。通常这样的工作是很烦琐的,进行二次修改也不简便。而利用 SVG 则可以实现页面图形设计和文字编辑的一步完成。如果要进行远程协作完成网页设计,也只需要传输创作后的页面文件,而不必将所有的图像源文件和页面文件都传输。因为 SVG 能够很好地与 HTML 和 XML 兼容,所以下一代的网页编辑软件将开始结合图像创作功能。许多现在需要通过外部图像或动画软件创作的效果,将可以直接在网页编辑软件中完成。结合 SVG 创作网页,将使网页设计师真正可以"画"出页面。

在工业自动化生产过程中,使用图元技术来描述监控系统中的图形,在国内外都得到了广泛的应用。而在 SVG 图形绘制方面,由于现有的一些专业 SVG 图形绘制工具提供可绘制的图形有限,复杂图形的绘制十分烦琐,还有一些行业中需要重复使用的基础元件每次都必须重新绘制,造成了大量的重复性劳动,降低了工作效率。有研究通过对工业图形分类来定义图元,提出了基于 SVG 的图元对象模型[3],该模型的使用极大地提高了代码的可重用性。还有研究提出了基于 XML 的图示表达模型,实现了基于共享的分布式表达机制。结合图元技术,使用 SVG 技术显示工程图,不仅可以在浏览器内实现无失真地对对象执行缩放和平移等操作,还可以利用 XML 技术将大图分解、化简为小图浏览,甚至结合后台数据库直接存取图元数据信息,并利用结果动态地绘制效果图。SVG 强大的事件和脚本功能,也使得绘制的图形具有更强的交互性和更为丰富的表达能力。目前,图元的思想在很多的方向得到了应用,构建各个领域中的图元库也成为迫切需求,一些开源项目正以此为目标,提供可重用、基于 SVG 的图元库。例如,有面向地图行业的图元库和面向电力行业的图元库,但是这些 SVG 的图元库是针对具体行业来设计的,没有可通用性,不利于推广。因此,构建一种可以应用于各种行业的图元库生成模型是当前 SVG 应用技术中亟待解决的问题。

第四节　GIS 地理信息系统

随着计算机技术的飞速发展、空间技术的日新月异和计算机图形学理论的日渐完善,GIS(Geographic Information System)技术也日趋成熟,并且逐渐被人们所认识和接受。GIS,也即地理信息系统,是存储、管理和分析空间数据的,具有数据输入、数据存储、数据处理、数据输出四个功能的综合的计算机系统。数据输入是指地理信息系统将来自于各种数据源,如测绘部门的基础地理信息数据、属性数据等数据输入到计算机系统,进行统一的存储和管理,这些数据经过 GIS 强大的数据处理和分析之后,形成各类结果并能进行输出,一般是电子地图的输出。

1. GIS 的功能介绍

地理信息系统的存在离不开数据库技术,后者主要是通过实体的属性进行数据的管理和检索,其优点是查询和检索比较方便,但缺点是数据的表示不够直观。一般没有空间概念,即使存储了图形,也只是以文件形式管理,图形数据不能用于查询。GIS 却能处理空间位置信息,它主要是处理空间实体的位置关系、实体的属性。地理空间数据就是指以地球表面位置为参照,描述自然、社会和人文经济景观的数据,如河流的分布、人口密度、学校、医院的分布等。GIS 能够提供复杂的空间分析和查询功能,如可以根据与已知的空间对象的位置关系(相交、包含等)进行查询,如查询某一位置处 500 m 以内的公交车站的位置、附近餐馆分布等。GIS 应用非常广泛,在城乡规划、灾难监测、土地调查、环境管理、城市管网等多个行业多个领域都有 GIS 的身影。进入 21 世纪,随着空间数据库的理论和互联技术的快速发展,组件式 GIS、嵌入式 GIS、WebGIS、移动 GIS 等纷纷得到发展和应用,出现了网格 GIS、三维 GIS。GIS 将向着更高层次的数字地球、虚拟现实、地球信息科学和大众化的方向发展。地理信息系统的应用领域,也不再局限于国土、测绘等部门,而是扩展到人们生活的各个方面,随着 GIS、RS 和 GPS 这 3S 更加紧密地融合,毫无疑问,地理信息系统将发展成为以后公民生活中的最基本服务,为公民提供更大的便利。

20 世纪 90 年代以来,由于计算机技术的不断突破,以及其他相关理论和技术的完善,GIS 在全球得到了迅速的发展。在海量数据存储、处理、表达、显示和数据共享技术等方面都取得了显著的成效,其概括起来有以下几个方面:① 硬件系统采用服务器/客户机结构,初步形成了网络化、分布式、多媒体 GIS;② 在 GIS 的设计中,提出了采用"开放的 CIS 环境"的概念,最终以实现资源共享、数据共享为目标;③ 高度重视数据标准化和数据质量的问题,并已形成一些较为可行的数据标准;④ 面向对象的数据库管理系统已经问世,正在发展称之为"对象—关系 DBMS(数据库管理系统)";⑤ 以 CIS 为核心的"3S"技术的逐渐成熟,为资源和环境工作提供了空间数据新的工具和方法;⑥ 新的数学理论和工具采用 CIS,使其信息识别功能、空间分析功能得以增强等。

在 GIS 技术不断发展下,目前 GIS 的应用已从基础信息管理和规划转向更复杂的区域开发、预测预报,与卫星遥感技术相结合用于全球监测,成为重要的辅助决策工具。据有关部门估计,目前世界上常用的 GIS 软件已达 400 多种。国外较著名的 GIS 软件产品有 Auotodesk 系列产品、Arc/Info、MapInfo 及其构件产品、Intergraph、Microstation 等,还有 Web 环境下矢量地图发布的标准和规范,如 XML、GML、SVG 等。我国 GIS 软件研制起步较晚,比较成熟的测绘软件主要有南方 CASS、MapGIS、GeoStar、SuperMap 等。尽管现存的 GIS 软件很多,但对于它的研究应用,归纳概括起来有两种情况:一是利用 GIS 系统处理用户的数据;二是在 GIS 的基础上,利用它的开发函数库二次开发用户专用的 GIS 软件。目前,已成功应用包括资源管理、自动制图、设施管理、城市和区域规划、人口和商业管理、交通运输、石油和天然气、教育、军事九大类别的一百多个领域。在美国及发达国家,GIS 的应用遍及环境保护、灾害预测、城市规划建设、政府管理等众多领域。近年来,随着我国经济建设的迅速发展,加速了 GIS 应用的进程,在城市规划管理、交通运输、测绘、环保、农业等领域发挥重要的作用,取得了良好的经济效益和社会效益。目前,很多公司都提供了 GIS 平台的开放的 API,允许进行自定义的一些服务等。大多数功能比较齐全的地理信息系统软件一般包括以下几个部分。

(1) 数据采集与编辑功能:地理空间数据库是地理信息系统的核心,所以第 1 步是建立地理信息系统地面的图形数据和属性数据输入到数据库中,此过程被称为数据收集。为防止错误的数据采集,图形和文本数据需要进行修改和编辑。

(2) 制图功能:由于大多数用户最关心的是图形,从视图映射方面考虑,地理信息系统是一个非常强大的数字化测绘体系。然而,计算机图形需要与计算机有关的外设打交道。各种绘图仪接口软件和图形命令是不同的。因此,在地理信息系统软件中计算机图形的功能不是简单的,ARC/INFO 的图形包数百个命令。它需要设置的绘图仪类型、绘图比例,以确定绘制图的原点和图纸大小。一个强大的功能集成包也包括地图综合。根据地理信息系统的数据结构和绘图仪类型分离排版功能,GIS 用户不仅可以输出整个地图的元素,分层处理可根据用户需要,输出各种专题值地图,如土壤利用现状图、行政区划图、等高线图、道路路线图等。通过地理空间分析,还可以得到一些特殊的分析图,例如坡度图等。

(3) 属性数据编辑与分析功能:由于属性数据比较规范,大多数的地理信息系统管理使用关系数据库管理系统进行管理。一般的 RDBMS(关系型数据库管理系统),为用户提供一个功能强大的数据库查询和数据编辑语言,即 SQL 语言,系统设计师可以建立一个友好的用户界面,以方便用户输入属性数据、编辑和查询。此外,文档管理功能,表面特征的各类数据库的主要功能管理模块的属性是用户定义的属性数据结构。由于地理信息系统的特点,在不同类型的属性描述项目和其范围属性也是不同的,因此系统应提供用户定义的数据结构功能。修改系统的结构功能,应该提供结构的副本、删除结构、组合结构等功能。

(4) 空间分析功能:空间查询和空间分析,得出的结论是地理信息系统的出发点和目的。在地理信息系统中,这是一个专业的、高层次的功能。测绘和数据库组织不同,空间分析很少可以受到标准化的约束,它是一个极其复杂的过程,需要了解如何应用地理信息系统目标之间的各种内在空间联系,并结合自己的理论和数学模型,来确定决策和规划方案。因为其复杂性,所以当前阶段的地理信息系统在这一领域的功能效率一般是比较低的。

(5)空间数据库管理功能:经过数据收集和编辑后,形成大量的地理空间对象,这就要求使用空间数据库管理功能。大多数 GIS 都装有强大的地理数据库,效果类似目录,以便管理或使读者快速找到图书馆的书籍,分类存放。

(6)缓冲区分析功能:缓冲区分析是基于数据库中点、线、面空间数据对象周围自动创建一定宽度范围的多边形,它是地理信息系统重要的空间分析功能。

(7)拓扑空间查询功能:空间对象间的拓扑关系一般有两种类型,一类是用于描述空间对象之间几何和拓扑关系的数据结构,另一类是地理信息系统的拓扑结构的表面特征之间关系。这种关系可以隐含之间的关联关系和表达的位置,用户需要特殊的方法来查询。

(8)叠置分析功能:相同的区域、同等规模的两个或两个以上的数据多边形的数据文件进行复合。

除了上述地理信息系统的基本功能以外,还提供了一些高度专业化的应用模块,如网络分析模块,它可以用来做最佳路径分析,还有跟踪通过排水管道的污染源的分析。可用于土地适宜性分析,评估和分析的各种开发活动,包括农业应用、城市建设、作物布局、道路路线选择和其他网站优化方案,为土地规划提供参考。在发展预测分析的基础上丰富了地理信息系统,科学分析方法的使用中存储了信息,预测如人口、资源、环境、粮食生产等方面。此外,通过地理信息系统的使用也可以选择最佳位置、最佳新建成的公路路线选择、决策分析和模拟分析等以了解更多信息。

2. GIS 地图 Mashup

Mashup 的历史可以追溯到更早的拥有更悠久历史的 Web 时代,在 Web1.0 的商业模式下,公司在门户网站存储客户的数据,并定期更新,它们控制着所有的用户数据,用户只能使用它们的产品和服务来获取信息,随着 Web2.0 的发展,传统的竞争对手由于都广泛采用 Web 标准,因而解锁了用户数据,公司使用统一的 Web 标准来创立服务,在同一时间,Mashup 出现了,允许混合和匹配竞争对手的 API 来创立新的服务。而在 Mashup 中,最热门的、应用最广的要属地图 Mashup 类型,在这个快速发展的信息时代,很多应用都基于事物和行为拥有的地理位置信息,例如当前流行的移动社交网站,根据用户的地理位置而建立一定范围的社交平台,而随着移动手机的普及,在移动手机的平台上,将来自不同数据源的具有地理信息坐标的数据与地图数据结合起来,能够将信息动态实时地以地图的形式显示在移动手机平台,将会给人们的生活提供更大的便利,使得人们可以随时随地地获得需要的位置信息,这也是未来应用的趋势。

地图 Mashup 是 Web 地图搜索服务与 Mashup 开发方式的结合产物。Mashup 兴起得益于网络上各种 API 和数据资源的共享。而各种地图搜索服务的兴起及其 API 的开放催生了地图 Mashup。从 20 世纪 90 年代开始,各种 Web GIS 系统如雨后春笋般地出现,Web GIS 也向大众化发展,网络上出现越来越多的地图服务程序。2005 年地图搜索服务的强力推出和 Google 公司在线地图 Google Maps 的发布,Web 地图搜索服务成为新一轮的竞争热点,微软、雅虎和亚马逊等公司纷纷参与竞争。已经出现的较有影响的

Web 地图服务站点有 Google 地图、微软的 Virtual Earth 地图、雅虎地图等。地图 Mashup 的蓬勃发展得益于 Google Maps API 的开放，Google Maps API 的开放使得用户或网站制作者可以制作当地餐馆分布图等，极大地促进了用户进行 Mashup 开发的热情。此后为了吸引开发商，微软和雅虎也相继开放了 Virtual Earth 和 Yahoo! Map 的应用程序接口。用户根据自己的兴趣将网络地图服务与照片、音乐、视频、购物等结合，产生了很多有趣的 GIS Web 服务。如应用 Virtual Earth API 开发的路透社 AlertNet 网站嘲，它整合了 Microsoft Virtual Earth 提供的基础地图数据和影像数据，ESRI Arc Map 提供的边界数据，Europa Technologies 提供的地名词典，以及全球资料中心（GDACS）提供的地震和火山数据，热带暴风雪灾害研究机构（Tropical Storm Risk，TSR）提供的暴风雪数据，并通过 API 调用 Virtual Earth 已经定义好的地图浏览服务，为用户提供世界范围内突发事件的最新相关报道。

目前，在 Programmable Web 站点上最受人们喜欢的 Mashups 之一的 Flashearth 即是使用 Google Maps、Microsoft Virtual Earth、NASA、Open Layers、Yahoo! Maps 等在线制图站点上的卫星和航空影像，并基于 Flash 构建而成的一个实验应用。它将这几个服务组合到一个网站上，可以在这几个地图服务中自由切换，而不需要进入所使用的地图搜索服务网站主页。地图 Mashup 在国外应用已经有很多的应用，据统计，目前在 Programmable Web 站点上发布的 Mashups 中，地图 Mashups 占了总数的近一半，极大地丰富了 Mashup 的数量。地图 Mashup 占了 Mashup 总数的 40%，并且在 Mashup 的构建中地图制图类 API 的使用总分量较大，Google Maps API 的使用达到 48%，Virtual Earth 是 4%，Yahoo! Map 占 3%。

地图 Mashup 的架构如图 6-9 所示，它作为 Mashup 的一个分类，完全继承了 Mashup 的架构，与其他 Mashup 的不同之处在于地图 Mashup 的 API/内容提供者里面至少有一种地图服务 API，其架构中传递的数据包括影像数据和含有地理标记的数据。

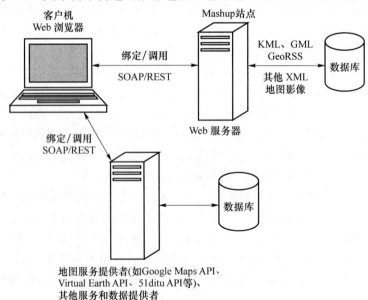

图 6-9 地图 Mashup 的架构

地图 Mashup 是 Mashup 程序中最典型的应用,它很容易与其他服务进行组合形成新的应用,成为公众地图服务开发的新形式,常具有以下特征。

(1) 使用一种以上的外部地图服务 API,通过这些 API 直接访问 API 所提供的来自于地图 Mashup 站点外的地图数据和服务。

(2) 根据某特定需求开发,目的简单、明确,多用于公众形式地图服务的开发,是一种便捷式开发,具有业务敏捷性。

(3) 地理位置数据的编码常采用基于 XML 格式的 Geo RSS、KMI、GML、GeoJSON 等数据编码方式。

第7章
区域集中供热物联网监控应用

第一节　区域集中供热物联网监控

金房供暖系统是课题组与北京市某暖通节能技术有限公司合作开发完成的,旨在实现北京市供暖的信息化建设,方便供暖设备的监督、管理,以及有效高速地运行,以更好地服务于北京市民,为供暖事业的节能减排,为物联网建设和利用提供有效的帮助。基于分布式物联网结构的供暖项目,可以分为以下四层:对象感知层、数据交换层、信息整合层、应用服务层。

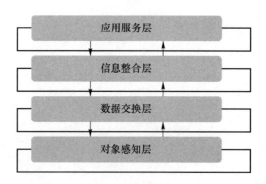

图 7-1　系统架构

各层的具体职能如下。

对象感知层:底层设有大量的传感器在感知数据,并将数据存储在 PLC(可编程控制逻辑器)中,方便于上层进行数据采集。

数据交换层:对底层传感器数据进行采集,将传感器解析成真实的数据,并且将数据接入到系统平台中,进行处理。此外,还接收上层的数据,设置底层传感器的数据,达到实时控制。

信息整合层：对采集的数据进行筛选，还对不同的数据进行不同的处理、分析，保障数据的有效性、安全性、可用性。

应用服务层：通过各种各样不同的服务，如图形、报表、报警等，图形用来实时地展示底层传感器的数据，如这个项目中的水温、水压；报表用来对不同时期、不同地点的数据进行统计和分析，便于进行管理和分配；报警用来对底层运行设备进行实时监控，确保其安全有效地运行。

从整个工程层面上来讲，数据采集可以在工程现场进行，也可以在总部服务器实现。在基于分布式物联网的城市供暖项目中，采集锅炉房、换热站热计量的数据，既要能在本地实现，也要能在总部服务器实现。因此，整个系统模型图如图 7-2 所示。

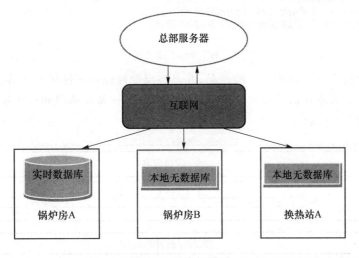

图 7-2　系统部署图

1. 数据交换层需求分析

从系统功能的角度来分析数据交换模块的需求描述，系统最主要的流程是，系统通过各种不同的方式，采集底层监测传感器的监测值，通过统一的接口，接入到平台中，再将数据写入到数据库，为上层的服务提供数据源。此外，数据交换模块通过统一的接口，接收从上层发送下来的参数（包括对开关量的控制和对模拟量的设定），然后通过一定的指令格式，将这些参数以特定的指令格式写入到底层硬件设备，实现对底层的监测传感器进行远程控制（即包括开关量的控制和模拟量的设定）的目标。系统的功能分析图如图 7-3 所示。

在整套系统中，数据采集模块主要负责底层传感器监测值的采集，以及应用层的遥控指令的实现。这里需要从底层传感器采集的主要信息包括：

① 传感器名称；

② 传感器位置；

③ 检测位置；

④ 监测值；

⑤ 检测时间。

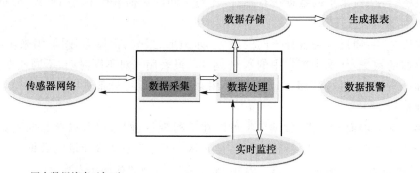

图中数据流表示如下：

→ 下发数据流向（即为遥控指令）

⇒ 上传数据流向（即为采集的数据流向）

图 7-3　系统功能

由于要用到不同厂商所生产的产品，并且底层硬件设备所使用模式各有不同，因此数据交换层有多种采集数据的模式，主要分为两层结构：设备层协议和应用层协议。系统整体结构图如图 7-4 所示。

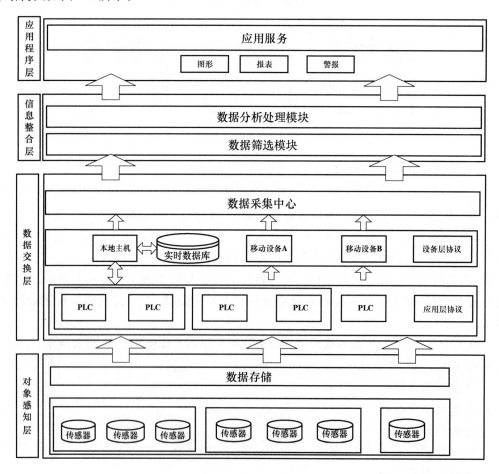

图 7-4　系统整体结构图

由于底层监测数据的传感器都是与工控硬件 PLC（可编程逻辑控制器）相连接，传感器的数据实时地存储在 PLC 中，故只要从 PLC 中取出我们所需要的数据即可。

（1）设备层协议和应用层协议

从图 7-4 中可以看出，数据采集是通过两层协议来实现，即设备层协议和应用层协议。设备层协议主要是为数据的传输建立通道，如串口协议是提供串口通道，宏电 H700是提供 Socket 通道。应用层协议主要是给我们提供真实有用的数据，例如西门子的 PLC（包括 Modbus 的 RTU 模式和 Modbus 的 ASC 码模式）和台达的 PLC（包括 Modbus 的RTU 模式和 Modbus 的 ASC 码模式）。

设备层协议	GPRS 模块：宏电（H700）、映翰通（IHDC） 物理通道：串口
应用层协议	台达 PLC（Modbus 的 RTU 模式和 ASC 码模式） 西门子 PLC（Modbus 的 RTU 模式和 ASC 码模式）

（2）本地采集和远程采集

数据采集也有两大类，一类是在锅炉房本地采集数据，然后通过子站转发到总部服务器，另一类是服务端通过 GPRS 协议远程采集工程现场的数据。因此这两大类模式主要如下：一种是串口＋PLC，另一种是移动设备＋PLC。其中，PLC 包括台达 PLC 和西门子PLC，这两种 PLC 各有两种模式（Modbus 的 RTU 模式和 ASC 码模式），移动设备包括宏电的 GPRS 模块和映翰通的 GPRS 模块，即为 H700 协议和 IHDC 协议。所以总结下来，有如下几种数据采集的模式。

本地采集：
- 串口＋台达 PLC（Modbus 的 RTU 模式）
- 串口＋台达 PLC（Modbus 的 ASC 码模式）
- 串口＋西门子 PLC（Modbus 的 RTU 模式）
- 串口＋西门子 PLC（Modbus 的 ASC 码模式）

远程采集：
- 宏电＋台达 PLC（Modbus 的 RTU 模式）
- 宏电＋台达 PLC（Modbus 的 ASC 码模式）
- 映翰通＋西门子 PLC（Modbus 的 RTU 模式）
- 映翰通＋西门子 PLC（Modbus 的 ASC 码模式）

前者是在有 PC 的锅炉房和换热站实现的，后者是在锅炉房和换热站无 PC 的条件下，在总部服务器来实现的。因此，整套系统需要设计多种模式，以便于灵活地运行。

（3）子站转发

数据通过本地数据采集模式获得以后，存储在锅炉房和换热站的 PC 中，需要通过子站转发模块将存储于锅炉房和换热站中的实时数据转发到总部的服务器中。这种模式主要分为两类，第一类为无线模式，串口＋移动设备，将数据通过移动设备以无线的形式发送到总部服务器。移动设备为宏电 GPRS 模块，即为 H700 协议。第二类为有线方式，即通过 Socket 链接将数据从子站发往总部。由于城市供暖的一些特殊条件，所以在设计数据交换层功能的时候，需要考虑到实时性、可扩展性、容错性，以保证工程现场安全有效地运行。

① 实时性

由于锅炉房和换热站是重要场所,因此数据的实时性涉及到非常重要的锅炉房安全生产问题,因此系统的实时性需要有很好的保证。当底层数据达到一定的阀值时,数据需要实时性采集上来,并且在监控界面显示。当报警发生时,用户显示界面应该能够实时地显示报警,并且发出报警信号,报警信息应该要在报警发生后 3 秒内显示。当报警发生后,需要在界面对底层数据进行实时地控制,而且需要在 10 秒内完成对情况的控制,即为对底层阀门的控制,达到安全生产的目的。

② 可扩展性

由于不同的锅炉房和换热站使用的设备型号不一样,但是整个数据交换模块的总体流程和大概需求是相似的,因此要求系统具有好的可扩展性,能够通过简单的配置或者细微的改动来适应不同锅炉房、不同硬件产品、不同模式下所进行的数据采集的要求,做到业务流程的快速构建和软件系统的敏捷开发。这样对于系统的后期维护和重构也是很有好处的。

③ 容错性

当进行数据采集的时候,如果某个硬件设备因为一些偶然的因素而出现故障,需要将错误信息迅速上报到总部服务器,以便于及时地排错,从而减少事故的发生。在此种情况下,需要将出错地点、出错硬件、出错类型、出错时间等信息迅速地采集上来,并且在用户显示界面呈现出来。

2. 事件的异步通信

在基于分布式物联网的城市供暖项目中,锅炉房和换热站都有大量的传感器,需要采集大量的数据,然后将采集的传感器数据保存在轻量级实时数据库中。因此,在海量数据要存储的时候,提高存储的效率就显得非常重要。使用基于"发布/订阅"机制来进行数据的存储,能够很好地解决这个问题。图 7-5 表示一个典型的基于"发布/订阅"的应用系统中的事件生命周期和生命周期中的不同状态。

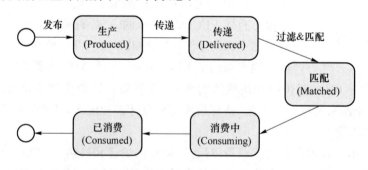

图 7-5 发布/订阅系统

每收到一批数据后,经过解析、处理,以主题的方式发布,平台通过订阅主题,获取这批数据,再经过 SQL 语句进行数据库的批量插入。

数据交换层与信息整合层之间的通信比较频繁,数据信息传输量非常大,需要一套完备的消息交互机制保障数据流能够在其生命周期过程中的发布与订阅。基于发布/订阅(Publish/Subscribe)的通信机制能够很好地满足此应用系统的消息交互需求,相比于传统的通信模型,例如消息/响应方式、空间共享方式和 RPC 方式,基于发布/订阅的机制具有异步、松散耦合等特点,能够使事件的发布者和消费者在时间空间上完全解耦,并且能够很好地满足此应用系统的通信需求。

如图 7-6 所示,发布/订阅(Publish/Subscribe)模块作为系统中事件发布者和订阅者的中介,主要负责维护和管理用户订阅、过滤匹配订阅者订阅的事件、发送事件通知到感兴趣的订阅者等。发布/订阅通信交互模块通常由发布管理子模块、订阅管理子模块、绑定协议管理子模块、事件临时代理子模块等组成,并对外提供了发布、取消发布、订阅、取消订阅、通知等接口。

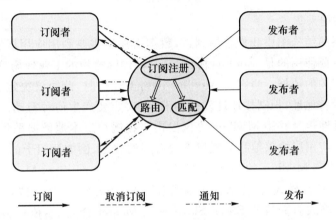

图 7-6 发布/订阅系统功能

在基于发布/订阅通信机制的应用系统中,系统各部分之间是通过发布和订阅消息完成事件发布和订阅的,系统中的发布/订阅消息主要分两大类:指令消息和数据消息。其中,指令消息主要包含有控制信息,如发布/取消发布指令、订阅/取消订阅指令等;数据消息主要包含与数据相关的信息,其消息头中包含有消息的主题信息,消息体中则主要包含相关的数据内容,在本文涉及的基于分布式物联网城市供暖项目的应用场景中,数据消息主要有传感器某些状态的变化、传感器监测值超限、报警事件的发生、某些开关量的开合等。系统中的发布/订阅消息基于 XML 格式,并且满足 Web 服务通知(Web Services Notification,WS-Notification)标准的定义,WS-Notification 规范定义了在 Web Service 上实现发布/订阅通知机制的标准,同时该规范还定义了事件生产者和事件消费者之间传递消息的交换格式。

第二节 数据交换层概要设计

1. 框架总体设计

数据交换层分为两大部分:一部分是通过本地数据采集+子站转发,在锅炉房和换热站有 PC 的情况下,先将数据通过本地数据采集模块从 PLC 中读取在存储进锅炉房和换热站 PC 中的实时数据库中,然后再通过子站转发模块将本地锅炉房和换热站数据库中的数据传送到总部。第二部分是通过远程数据采集,在锅炉房和换热站没有 PC 的情况下,通过 PLC 和 GPRS 设备,远程采集锅炉房的数据。

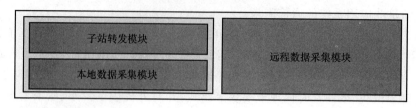

图 7-7　框架总体设计

（1）本地数据采集

数据交换层的结构图中我们曾提到过,数据交换层主要利用应用层协议和设备层协议两类协议。主要使用的是 Modbus 协议,是一种国际通用的工业现场总线协议,能够通过控制器取得相关的数据。当在一 Modbus 网络上通信时,此协议决定了每个控制器须要知道它们的设备地址,识别按地址发来的消息,决定要产生何种行动。如果需要回应,控制器将生成反馈信息并用 Modbus 协议发出。在锅炉房本地数据采集模块中,我们使用应用层协议。应用层协议给我们提供真实有用的数据,例如西门子的 PLC(包括 Modbus 的 RTU 模式和 Modbus 的 ASC 码模式)和台达的 PLC(包括 Modbus 的 RTU 模式和 Modbus 的 ASC 码模式)。通信工作方式采用 Master/Slave 的方式,由一台 Master 机器发送 Modbus 格式的资料给 Slave,Slave 收到 Master 资料后,依据 Master 下达的命令,作相对应的回应,Master 必须等 Slave 作相对应的回应以后,才能再传送下一笔通信资料。

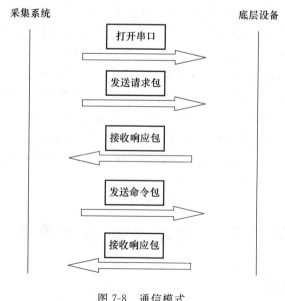

图 7-8　通信模式

在锅炉房本地的采集系统,通过读取串口配置参数(串口号、波特率、起始位、数据位、结束位、校验类型),然后打开串口,通过串口通道向 PLC 发送请求包,PLC 收到请求包,对其进行响应,将响应包通过串口发送给采集系统,采集系统通过读取串口得到响应包,解析出有效的数据,并经过一系列地处理之后,存储在实时数据库中。当有命令要下发时,采集系统将命令封装并通过串口发给 PLC,PLC 接收到命令包之后,对其响应,再通过串口回传给采集系统,采集系统对命令包的响应包进行解析,判断命令包是否响应正确。如果正确,则继续执行;如果错误,则继续下发,直到下发成功为止。具体执行流程如图 7-9 所示。

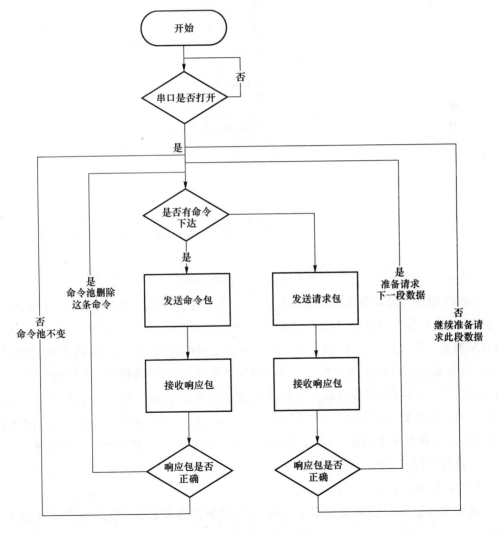

图 7-9　数据采集流程

(2) 数据子站转发

子站转发模块利用设备层协议。主要是相关的设备来建立物理通道,这种设备采用

133

的一种数据包格式,如北京映翰通网络技术有限公司开发的 InDTU13x 系列是基于 GPRS/CDMA 的数据传输终端产品。InDTU13x 的通信协议构架于 UDP 或者 TCP 协议之上,其采用的是 IHDC 协议,为数据的传输建立了物理通道,还包括设备移动终端登录、下线、心跳、上传、下发等相关功能。还有宏电的 H700 协议,也是设备层的协议。

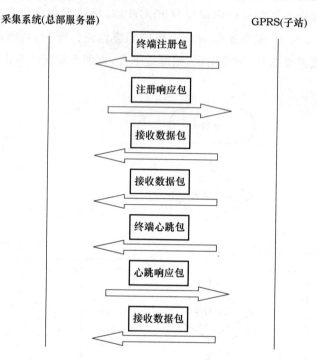

图 7-10　数据子站转发流程

　　GPRS 模块与服务器之间的通信是基于 Socket 通信,而且 GPRS 模块能持续地向某个固定 IP 地址发送注册包,当此模块收到注册响应包之后,就正式入"已登录"状态,可以接收从服务器发送过来的请求包,然后对请求包进行响应,通过 Socket 通道进行数据的传输,服务器通过 Socket 接收来自 GPRS 模块的响应包,然后解析出有效的数据,进行一些处理之后,存储在实时数据库。至此,数据采集的流程已经实现了。GPRS 模块每隔一段时间会给服务器发送心跳包,维持 Socket 通道,此模块如果没有接收到心跳响应包,则断开连接,重新发送登录包,一直如此循环下去。注册包与心跳包都由 GPRS 模块自动发送。具体执行流程如图 7-11 所示。

　　(3)远程数据采集

　　锅炉房的远程数据采集使用了设备层协议和应用层协议,数据包格式如图 7-12 所示。

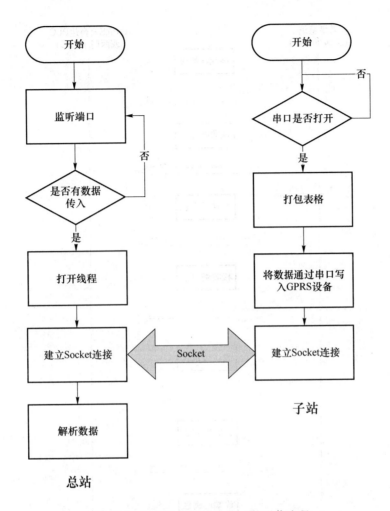

图 7-11　数据子站转发 Socket 的通信流程

图 7-12　远程数据采集数据包格式

　　如果是采用 Socket 无线通信技术来发送和接收数据,那么就是采用如上结构,其中设备层协议包括 H700 和 IHDC 两种无线通信技术协议。如果是采用串口通道进行数据的发送和接收,那么就只有应用层数据包,串口只是负责通道的开启和数据的交互。

　　总流程图如图 7-14 所示。

　　首先 GPRS 模块会发送一个注册包给总站,总站接收到这个注册包以后会返回一个响应包,这时 GPRS 模块注册成功,这时锅炉房和换热站便可以通过 GPRS 设备与总站建立无线连接。然后通过调用应用层协议(如 DVP_Modbus_RTU)打包命令包或者请求包。等待接收锅炉房或换热站的响应,收到数据上报包之后,再次调用应用层协议对其进行解析。

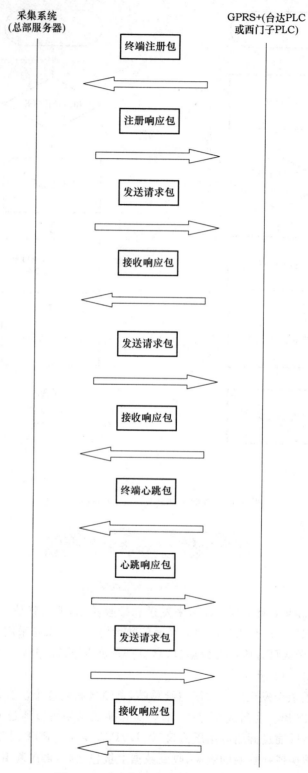

图 7-13 远程数据采集无线转发流程

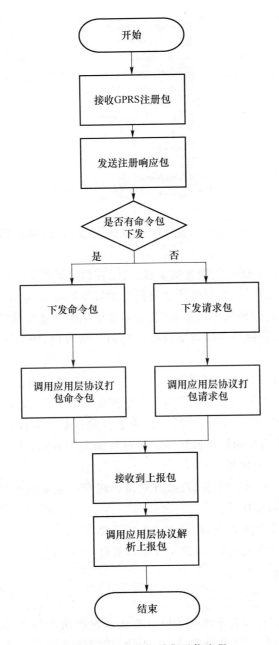

图 7-14　远程数据采集通信流程

第三节　数据交换层详细设计

1. 数据库设计

锅炉房和换热站的数据表如下。

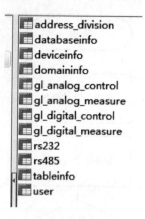

deviceinfo：设备信息表，表示与此 PC 连接的设备信息，如 GPRS 模块信息和 PLC 信息。

gl_analog_measure：锅炉模拟量测量表，表示存储锅炉房或换热站 PLC 设备和传感器地址等信息，主要是测量锅炉或换热站模拟量测量类型数据，包括整型和符点型数据。

gl_analog_control：锅炉模拟量控制表，表示存储锅炉房或换热站 PLC 设备和传感器地址等信息，主要是测量锅炉或换热站模拟量控制类型数据，即为下发命令，包括整型和符点型数据。

gl_digital_measure：锅炉开关量测量表，表示存储锅炉房或换热站 PLC 设备和传感器地址等信息，主要是测量锅炉或换热站开关量测量类型数据，包括某些开关的开和关。

gl_digital_control：锅炉开关量控制表，表示存储锅炉房或换热站 PLC 设备和传感器地址等信息，主要是测量锅炉或换热站开关量控制类型数据，即为下发命令，对某些开关进行控制，如开到关、关到开。

address_division：地址分区表，表示对具体物理存储地址的解释，如表示字或双字、反高低字节、缩放率、偏移量等。

rs232：232 串口参数配置表，开启 232 串口需要用到。

rs485：485 串口参数配置表，开启 485 串口需要用到。

2. 本地数据采集

（1）模块说明

传感器读取的数据存储在本地的 PLC 中，该模块的功能是将 PLC 中的实时数据读取到锅炉房和换热站 PC 中的数据库内，并且 PC 端能接收从上层发送下来的参数（包括对开关量的控制和对模拟量的设定），然后通过下发命令包，将这些参数以特定的指令格式写入到底层硬件设备，实现对底层的监测传感器的远程控制（即包括开关量的控制和模拟量的设定）的目标。

（2）功能说明

由于是进行串口通信，因此需要开启串口通道，通过读取 deviceinfo 表找到接入的串口和 PLC 的信息，然后读取 rs232 表或 rs485 表，由于两个表的原理相同，所以以 rs232 为例，找到串口的配置参数，准备开启串口通道，开启串口后，根据 deviceinfo 表里面的

device_id 和 plc_id，依次轮询锅炉的四张表，取出其中的 sensor_id，然后按照 deviceinfo 表里面的 data_protocol 的类型，进行打包，主要包括两种类型，RTU 模式和 ASC 码模式。由 PC 向 PLC 发送的请求包中包含需要读取数据的起始地址、数据长度和 CRC 校验码，这四张表中有两张模拟量表和两张开关量表，模拟量表和开关量表有不同的打包规则。PLC 根据 PC 下发的请求包，打包其中的数据，返回给 PC。PC 接收到由 PLC 返回的响应包，解析响应包中的数据，更新数据库。若有命令包需要下发，则下发遥控指令，对底层传感器进行远程遥控。

（3）本体数据采集类的设计

该模块的类主要分为三大类。第一类负责通过 UI 调用本地数据采集模块；第二类负责串口相关的工作，包括 CDeviceProtocol 和它的两个子类 C232 和 C485，由于这两个类的原理基本相同，所以以 C232 为例；第三类负责与应用层协议相关的工作，包括 CSlaveProtocol 和它的子类 DVP_Modbus_ASC、DVP_Modbus_RTU、SIE_Modbus_ASC、SIE_Modbus_RTU。

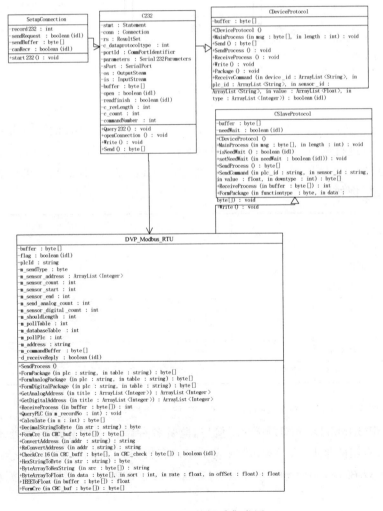

图 7-15　本地数据采集类图

（4）时序图

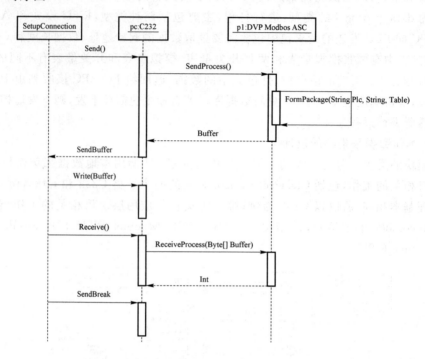

图 7-16　本地数据采集时序图

C232 类为 CDeviceProtocol 的子类，负责与串口相关的工作，例如打开串口、设置串口参数、对串口进行读写。由于是进行串口通信，因此需要开启串口通道，通过读取 deviceinfo 表找到接入的串口和 PLC 的信息，然后读取 rs232 表，找到串口的配置参数，准备开启串口通道，例如：

串口号	COM1
波特率	9 600
流控制输入	1
流控制输入	1
起始位	1
结束位	1
数据位	8
校验类型	None

将数据写入串口时，使用 write()命令，直接将数据写入串口。从串口读出数据时，需要实现 SerialPortableEventsListeners 接口，监听各种串口事件并作相关处理，读取串口数据时，一般常用的是 Data_Available 表示串口有数据到达事件，也就是说当串口有数据到达时，就可以在 SerialEvent 中接收并处理所接收的数据。具体执行流程如图 7-17 所示。

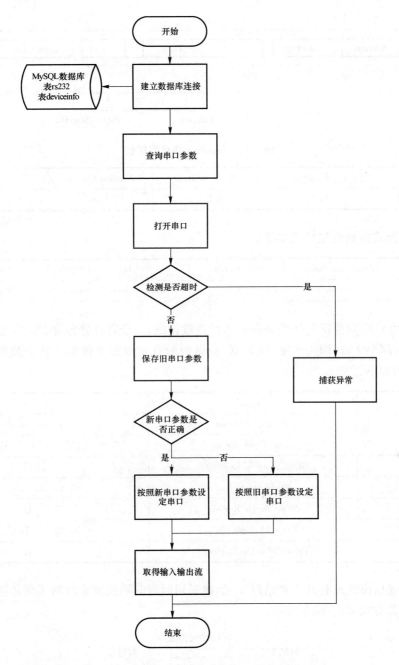

图 7-17　本地数据采集流程图

① DVP_Modbus_RTU 类

这个类主要负责台电 PLC 通信协议的实现,使用的通信资料协议为 Modbus Protocol,数据包格式如图 7-18 所示。

通信资料格式有两种,分为 RTU 模式和 ASC 码模式,这里将介绍第 1 种。RTU 模式的请求包格式如下。

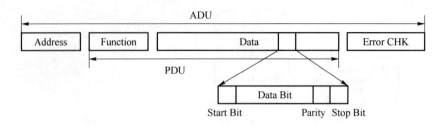

图 7-18　Modbus 协议数据包

Address	Function	Start Address	Address Counts	Crc-16
1 byte	1 byte	2 bytes	2 bytes	2 bytes

RTU 模式的响应包格式如下。

Address	Function	Data Counts	Data	Crc-16
1 byte	1 byte	1 byte	Address Counts×2 bytes	2 bytes

　　由于 PLC 读取数据是按照寄存器地址连续读取,一个寄存器地址(如 16 进制形式的 08AE)返回两个字节(即 1 个字)的数据,故返回的有效数据是读取地址个数的 2 倍。可用的命令码如下。

Code	Name	Description
01	Read Coil Status	S, Y, M, T, C
02	Read Input Status	S, X, Y, M, T, C
03	Read Holding Registers	T, C, D
05	Force Single Coil	S, Y, M, T, C
06	Preset Single Register	T, C, D
0F	Force Multiple Coils	S, Y, M, T, C
10	Preset Multiple Reglister	T, C, D

　　RTU 通信模式没有开头和结尾字元,改采用时间间隔长度来判断不同传送资料的开头和结尾,其方式如图 7-19 所示。

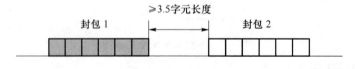

图 7-19　RTU 通信模式

　　在两笔资料传送当中,至少要间隔 3.5 字元长度时间,接收端每收到 1 个字元的资料后就开始计时,当计时超过 3.5 字元长度时,就视为此笔资料已经传送完毕,字元长度时间会因为资料传送速度不同而有所不同。

　　a) 命令包打包流程

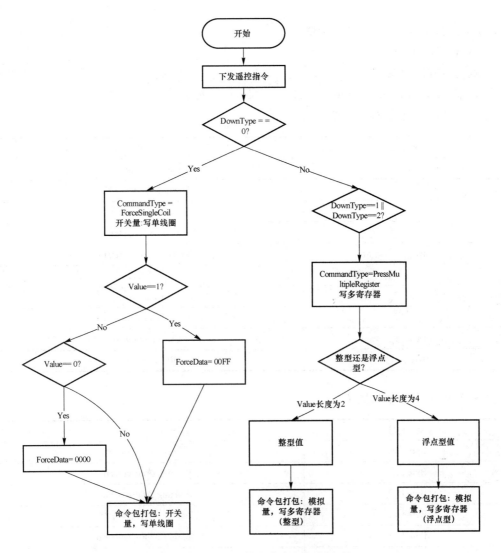

图 7-20 Modbus 协议命令包打包流程

当有命令包下发的时候,则处理下发命令。具体打包规则如下。

i) 开关量 Function Code:05,Force Single Coil 写单线圈

Byte [0]	Slave Address
Byte [1]	Function Code:05
Byte [2]	Coil Address Hi
Byte [3]	Coil Address Lo
Byte [4]	Force Data Hi
Byte [5]	Force Data Lo
Byte [6]	CRC(low byte)
Byte [7]	CRC(high byte)

Force Data Hi,Lo 只有两种值。

Set Coil：FF00

Reset Coil：0000

ii) 模拟量 Function Code：10，Force Multiple Registers 写多寄存器

• Value 长度为 2,则为整型值

Byte[0]	Slave Address
Byte [1]	Function Code：10
Byte [2]	Starting Address Hi
Byte [3]	Starting Address Lo
Byte [4]	Number of Register Hi
Byte [5]	Number of Register Lo
Byte [6]	Byte Count
Byte [7]	Data Hi
Byte [8]	Data Lo
Byte [9]	CRC(low byte)
Byte [10]	CRC(high byte)

• Value 长度为 4,则为浮点型值

Byte [0]	Slave Address
Byte [1]	Function Code：10
Byte [2]	Starting Address Hi
Byte [3]	Starting Address Lo
Byte [4]	Number of Register Hi
Byte [5]	Number of Register Lo
Byte [6]	Byte Count
Byte [7]	Data Hi
Byte [8]	Data Lo
Byte [9]	Data Hi
Byte [10]	Data Lo
Byte [11]	CRC(low byte)
Byte[12]	CRC(high byte

b) 响应包解析流程

i) 开关量 Function Code：05

Byte[0]	Slave Address
Byte[1]	Function Code：05
Byte[2]	Coil Address Hi
Byte[3]	Coil Address Lo
Byte[4]	Force Data Hi
Byte[5]	Force Data Lo
Byte[6]	CRC(low byte)
Byte[7]	CRC(high byte)

ii) 模拟量 Function Code：10

Byte[0]	Slave Address
Byte[1]	Function Code：10
Byte[2]	Register Address Hi
Byte[3]	Register Address Lo
Byte[4]	Preset Data Hi
Byte[5]	Preset Data Lo
Byte[6]	CRC(low byte)
Byte[7]	CRC(high byte)

c) 请求包打包流程

根据 deviceinfo 表里面的 device_id 和 plc_id,依次轮询锅炉的四张表,取出其中的 sensor_id,然后按照 deviceinfo 表里面的 data_protocol 的类型,按照 RTU 模式进行打包。由于模拟量和开关量的打包规则不同,所以首先要判断表格的类型。是模拟量,则用模拟量的方式对其打包;是数字量,则用数字量的方式打包。

i) 模拟量 Function Code：03

由于数据在 PLC 上的读取是连续的,所以除了 PLC 地址和功能码以外,还需要确定读取数据的起始地址和数据长度。根据 deviceinfo 表里面的 device_id 和 plc_id,依次轮询锅炉的四张表,取出其中的 sensor_id,然后按照 deviceinfo 表里面的 data_protocol 的类型,进行打包。表 gl_analog_control 如下。

打包过程如下:首先先提取出表内的 sensor_id 和 Word_Count,将其存储在两个数组中,在数据库中 sensor_id 的地址是以设备地址的形式存储的(如 D0),所以要将其转换为实际地址(如 1 000)。由于数据在 PLC 上的存储是分散的,而数据包的大小是有限制的,为了避免一次读取过多的数据,所以需要对地址进行分区采集。分区采集:首先比较地址高位,若高位一致(如 1 000 和 1 002),则 1 次采集;若高位不同(如 1 000 和 2 000),则分别采集。在分区采集之后,还需要再次划分,若采集长度小于 100 个,则 1 次采集,数据长度为末位地址减去起始地址加 1;若采集长度大于 100 个,则先采集 100 个,采集地址为 100 个,再采集剩下的。

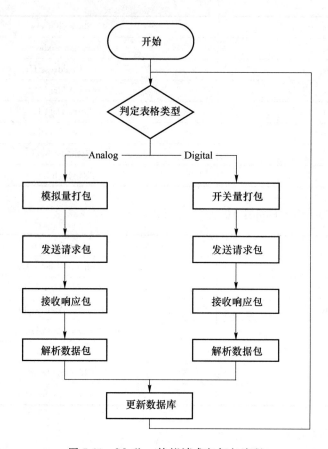

图 7-21　Modbus 协议请求包打包流程

ii) 模拟量 Function Code：03

Device_ID	Sensor_ID	Word_Count	PLC_ID	DeviceType	Boil	Boiler
9	D2000	2	4	Modbus	9	4
9	D2002	2	4	Modbus	9	4
9	D2004	2	4	Modbus	9	4
9	D2008	2	4	Modbus	9	4
9	D2010	2	4	Modbus	9	4
9	D2012	2	4	Modbus	9	4
9	D2014	2	4	Modbus	9	4
9	D2016	2	4	Modbus	9	4
9	D2018	2	4	Modbus	9	4
9	D2020	2	4	Modbus	9	4
9	D2208	2	4	Modbus	9	4
9	D2210	2	4	Modbus	9	4
9	D2212	2	4	Modbus	9	4
9	D2214	2	4	Modbus	9	4
9	D2216	2	4	Modbus	9	4
9	D2218	2	4	Modbus	9	4
9	D2220	2	4	Modbus	9	4
9	D2222	2	4	Modbus	9	4
9	D2258	2	4	Modbus	9	4

Byte [0]	Slave Address
Byte [1]	Function Code：03
Byte [2]	Starting Address Hi
Byte [3]	Starting Address Lo
Byte [4]	Number of Point Hi
Byte [5]	Number of Point Lo
Byte [6]	CRC(low byte)
Byte [7]	CRC(high byte)

iii）开关量 Function Code：

若 sensor_id 的实际地址高位为"04"，则为 Read Input Status：02

若其他，则为 Read Coil Status：01

表 gl_digital_control 如下。

Device_ID	Sensor_ID	PLC_ID	Boiler Room	Boiler
9	M512	4	9	4

在开关量的采集过程中也需要进行分区采集，分区采集之后，再次划分。若采集长度小于 20，则 1 次采集，数据长度为末尾地址减去起始地址加 1；若采集长度大于 20，则先采集 20 个，数据长度为 20，再采集剩下的。

- 开关量 Function Code：01 Read Coil Status

Byte [0]	Slave Address
Byte [1]	Function Code：02
Byte [2]	Starting Address Hi
Byte [3]	Starting Address Lo
Byte [4]	Number of Point Hi
Byte [5]	Number of Point Lo
Byte [6]	CRC(low byte)
Byte [7]	CRC(high byte)

- 开关量 Function Code：02 Read Input Status

Byte [0]	Slave Address
Byte [1]	Function Code：02
Byte [2]	Starting Address Hi
Byte [3]	Starting Address Lo
Byte [4]	Number of Point Hi
Byte [5]	Number of Point Lo
Byte [6]	CRC(low byte)
Byte [7]	CRC(high byte)

d）响应包解析流程

接受到响应包以后，首先判断接收包的长度是否正确，若长度正确以后，检查 CRC 校验，判断数据无误之后，对响应包进行解析。

i）模拟量 Function Code：03

首先需要查询数据库 address_division，取得当前地址对应的序列、小数位个数、字节个数，由于数据在 PLC 上的存储地址是分散的，但是读取时是连续的，所以接收到的数据包中有不需要的数据，依照起始地址和 Word_Count 的值，依次在数据库中查找，找出需要的数据。再按 IEEE 754 标准将数据由比特型转换为浮点型。

Byte [0]	Slave Address
Byte [1]	Function Code：03
Byte [2]	Byte Count
Byte [3]	Data Hi
Byte [4]	Data Lo
Byte [5]	Data Hi
Byte [6]	Data Lo
...	...
Byte [$n-1$]	CRC(low byte)
Byte [n]	CRC(high byte)

ii）开关量

• 开关量 Function Code：01 Read Coil Status

开关量为 0 或 1，1 个比特有 8 位。

Byte [0]	Slave Address
Byte [1]	Function Code：01
Byte [2]	Byte Count
Byte [3]	Data（8 个 Coils）
Byte [4]	Data（8 个 Coils）
Byte [5]	Data（8 个 Coils）
Byte [6]	Data（8 个 Coils）
...	...
Byte [$n-1$]	CRC(low byte)
Byte [n]	CRC(high byte)

说明：读回来的 Data，编号最小的 Coil 摆放在第 1 个 Data 的 LSB，第 2 小的 Coil 摆放在第 1 个 Data 的 Bit1，若读回来的 Coil 不是 8 的整数，则最后 1 笔 Data，无法满足 8 个 Coil，无法满足的部分，资料不必理会。

• 开关量 Function Code：02 Read Input Status

Byte［0］	Slave Address
Byte［1］	Function Code：01
Byte［2］	Byte Count
Byte［3］	Data（8 个 Coils）
Byte［4］	Data（8 个 Coils）
Byte［5］	Data（8 个 Coils）
Byte［6］	Data（8 个 Coils）
…	…
Byte［$n-1$］	CRC(low byte)
Byte［n］	CRC(high byte)

② DVP_Modbus_ASC 类

ASC 模式的请求包格式如下。

STX	Address	Function	Start Address	Address Counts	Lrc	End
3A	1 byte	1 byte	2 bytes	2 bytes	1 byte	0D 0A

ASC 模式的响应包格式如下。

STX	Address	Function	Data Counts	Data	Lrc	End
3A	1 byte	1 byte	1 byte	Counts ×2	1 byte	0D 0A

其中，ASC 模式下，除了 STX 和 End 之外，其他的数据都必须以 ASC 码的形式出现，即有 1 个字节表示 5A，则必须将 5A 拆成 5 和 A 的 ASC 码表示，5 的 ASC 码表示形式是 53，A 的 ASC 码表示形式是 65，所以在 ASC 码模式下，原来 1 个数据用 5A 表示，现在需要用 53 和 65 表示。其余的打包规则与 DVP_Modbus_RTU 相似，所以在这里不再赘述。

③ SIE_Modbus_RTU 类

这个类主要负责西门子 PLC 协议 RTU 的实现，具体实现参见协议内容。

④ SIE_Modbus_ASC 类

这个类主要负责西门子 PLC 协议 ASC 的实现，具体实现参见协议内容。

3. 数据子站转发

（1）模块说明

在本地有 PC 的锅炉房和换热站中，通过 PLC 读取的数据在本地数据采集模块中已经被存储在本地 PC 的实时数据库中，子站转发模块的功能是将锅炉房和换热站中的数据无线转发到总部，同时将总站的相关数据下发到子站。无线转发使用宏电 H700 提供的 Socket 通道。

（2）功能说明

无线转发的实现是通过 GPRS 模块，GPRS 模块与服务器之间的通信是基于 Socket

通信,而且 GPRS 模块能持续地向某个固定 IP 地址发送注册包,当此模块收到注册响应包之后,就正式入"已登录"状态,可以接收从服务器发送过来的请求包,然后对请求包进行响应,通过 Socket 通道进行数据的传输,服务器通过 Socket 接收来自 GPRS 模块的响应包,然后解析出有效的数据,进行处理之后,存储在实时数据库,至此数据采集的流程已经实现了。GPRS 模块每隔一段时间会给服务器发送心跳包,维持 Socket 通道,此模块如果没有接收到心跳响应包,则断开连接,重新发送登录包,一直如此循环下去。

(3) 子站转发类的设计

① 子站

这里将锅炉房和换热站统称为子站。本地数据采集模块将从 PLC 中读取的数据存储在子站的 H2 实时数据库中。子站部分的设计主要负责将 H2 数据库中的实时数据以一定的时间间隔不停地将数据以无线形式从子站发送到总站。子站部分主要包含三类:H2Connection 类负责建立与关闭 H2 实时数据库的链接;C232 类负责打开串口,设置参数通过串口发送接收数据;PackageSender 类应在子站运行,实现的主要功能为连接 H2 数据库,并从数据库中取得所需数据,然后将数据写入指定串口,通过串口传送到 GPRS 设备模块,由该模块将数据自动发送到总站。类图如图 7-22 所示。

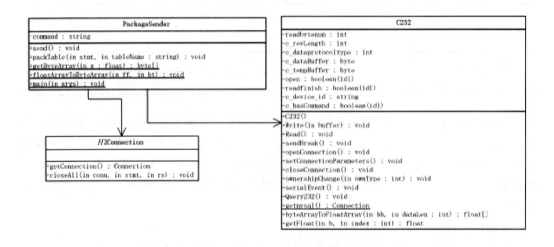

图 7-22　Modbus 协议请求包打包流程

a) C232 类

C232 类负责串口的相关工作,例如打开串口、设置串口参数、对串口进行读写。由于是进行串口通信,因此需要开启串口通道,通过读取 deviceinfo 表找到接入的串口和 PLC 的信息,然后读取 rs232 表,找到串口的配置参数,准备开启串口通道。将数据写入串口时,使用 write()命令,直接将数据写入串口;从串口读出数据时,需要实现 SerialPortableEventsListeners 接口,监听各种串口事件,并作相关处理;读取串口数据时,一般常用的是 Data_Available 表示串口有数据到达事件,也就是说当串口有数据到达时,就可以在 SerialEvent 中接收并处理所接收的数据。具体执行流程如图 7-23 所示。

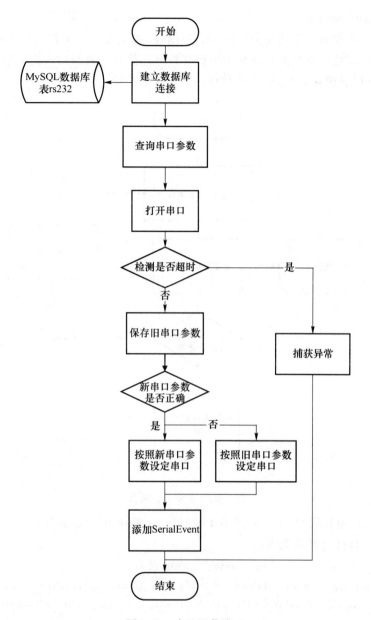

图 7-23　串口通信流程

b）*H*2Connection 类

该类主要负责建立和关闭与 *H*2 实时数据库的连接，使用 JDBC 的方法连接数据库，加载 JDBC 驱动类，提供 JDBC 连接的 URL，创建数据库的连接，创建 Statement，执行 SQL 语句，处理结果，关闭 JDBC 对象。方法 GetConnection（）主要负责建立与数据库 *H*2 的连接，并返回该连接，方法 Close（）主要负责关闭释放各种与数据库连接相关的资源。该系统使用 *H*2 实时数据库，*H*2 数据库是一个 Java 开源数据库，十分适合作为嵌入式数据库使用。*H*2 的一个很大的优势就是 *H*2 提供了一个十分方便的 Web 控制台用于操作和管理数据库内容。

c）PackageSender 类

子站运行、实现的主要功能为连接 H2 数据库，并从数据库中取得所需数据，以特定格式打包数据，将浮点类型的数据转换为比特数据。然后将数据写入指定串口，通过串口传送到 GPRS 设备模块，由该模块将数据自动发送到总站。

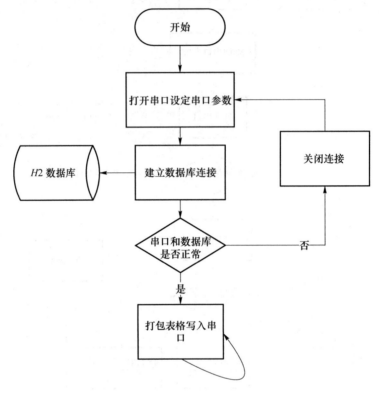

图 7-24　子站通信流程

根据 GPRS 模块限制，每个包最多 1 024 Bytes，而非用户数据部分有 16 Bytes，所以 float[]最多 252，打包表格规则：

data[0] 表示表名

若表 gl_analog_measure,data[0]=1.0f；若表 gl_analog_control,data[0]=2.0f；若表 gl_digital_measure,data[0]=3.0f；若表 gl_digital_control,data[0]=4.0f；

data[1] 表示该表中 device_id 的数目；

data[2] 表示第 1 个 device_id 号；

data[3] 表示 device_id 为 data[2] 的记录的条数；

data[(int)data[3]+4] 表示第 2 个 device_id 号；

data[(int)data[3]+5] 表示 device_id 为 data[(int)data[3]+4] 的记录的条数；

依此可向下类推。

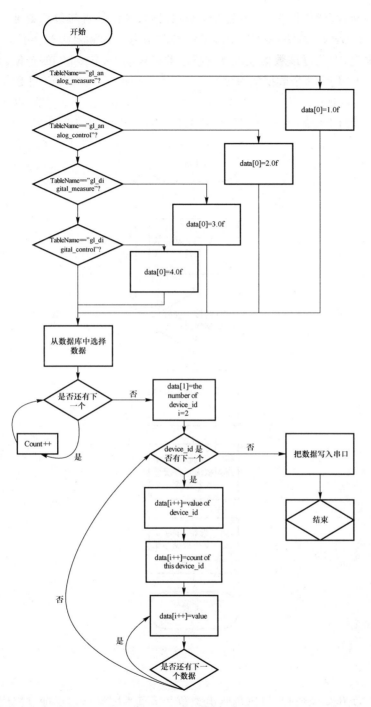

图 7-25　子站通信流程

d) DataHandler 类

子站不光能向总站发送实时库中的数据，还能够接收总站下发来的数据。当总站有数据下发的时候，这个类负责数据的接收。在接收到总站下发的数据之后，先对接收到的数据包进行判断,判断依据为:包长是否正确;数据长度位是否与包长满足一致关系;经验性判断,过滤掉 GPRS 模块一些关于维持链接的信息。若满足上述条件,则可认为是一个标准的数据包,因此对该数据包进行解析。解析规则:从 data[0]的个位、十位中解析出表名和列名,data[1]为这个数据包中数据的 device_id,data[2]为数据条目数,data[3]~data[2+data[2]]为按顺序排列好的数据。数据解析之后转换为 float[]型,以便插入数据库。最后通过发布/订阅系统,发布数据库更新信息。具体流程如图 7-26 所示。

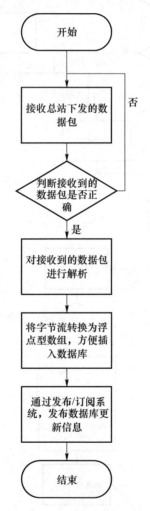

图 7-26　子站通信流程

② 总站

这部分程序在总站运行,负责接收由子站发送过来的数据。该部分使用多线程,可以接收由多个子站发送过来的数据,监听某个端口,一旦有子站数据接入,则开启一个新的线程负责数据的接收。该部分主要分为四大类:ConnectKeeper 这个类定义了 Connect-Keeper 这种数据结构,用于保持 Socket 连接和相关基于该 Socket 连接的操作;ConnectList 这个类设定了一种 Socket 连接保持者和线程列表的数据结构。

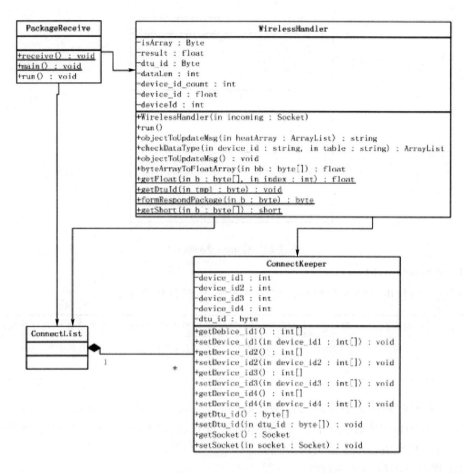

图 7-27　总站通信流程

a) ConnectKeeper 类

这个类定义了 ConnectKeeper 这种数据结构,用于保持 Socket 连接和相关基于该 Socket 连接的操作。里边包含 Set()和 Get()方法。

b) ConnectList 类

这个类设定了一种 Socket 连接保持者和线程列表的数据结构。

c) WirelessHandler 类

这个类负责获取通过 GPRS 模块得到的输入流,根据 H700 DTU 通信协议解析数据。GPRS 模块与服务器之间的通信是基于 Socket 通信,而且 GPRS 模块能持续地向某个固定 IP 地址发送注册包,当此模块收到注册响应包之后,就进入“已登录”状态,可以接收从服务器发送过来的请求包,然后对请求包进行响应,通过 Socket 通道进行数据的传输,服务器通过 Socket 接收来自 GPRS 模块的响应包,然后解析出有效的数据,进行处理之后,存储在实时数据库中,至此数据采集的流程已经实现了。GPRS 模块每隔一段时间会向服务器发送心跳包,维持 Socket 通道,此模块如果没有接收到心跳响应包,则断开连接,重新发送登录包,一直如此循环下去。

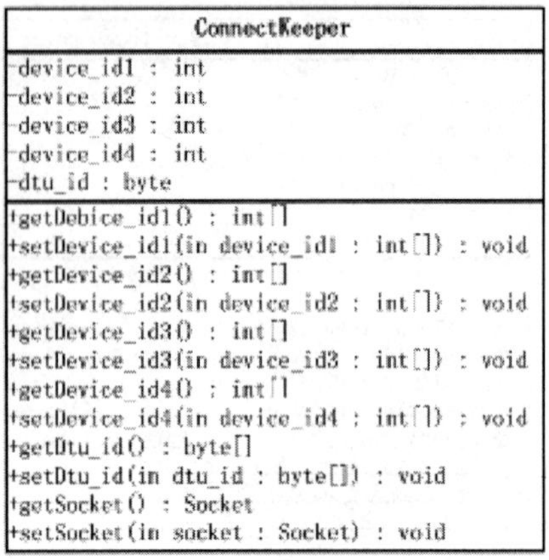

图 7-28　ConnectKeeper 类

i) 终端注册 DTU→DSC

终端注册包由 GPRS 模块自动发往服务器，注册包格式如下。

起始标志	包类型	包长度	DTU 身份识别码	本地移动 IP 地址	本地移动 IP 端口	结束标志
1 byte	1 byte	2 bytes	11 bytes	4 bytes	2 bytes	1 byte
0×7 B	0×01	0×16				0×7 B

　　服务器接收到由子站发来的数据包之后，会首先判断其类型，确定该包为注册包以后，在 ConnectList 中查找是否有该 Socket，若没有，则向 ConnectList 中增加该 Socket，并向 GPRS 模块发送一个注册应答包。

ii) 注册应答包 DSC→DTU

• 注册成功

起始标志	包类型	包长度	DTU 身份识别码	结束标志
1 byte	1 byte	2 bytes	11 bytes	1 byte
0×7 B	0×81	0×10		0×7 B

• 无效命令或数据

起始标志	包类型	包长度	DTU 身份识别码	结束标志
1 byte	1 byte	2 bytes	11 bytes	1 byte
0×7 B	0×84	0×10		0×7 B

　　GPRS 模块接收到注册成功应答包以后，便会显示已登录状态，若没有收到注册成功应答包，则若干时间后继续向服务器发送注册包。

ⅲ）终端注销包 DTU→DSC

起始标志	包类型	包长度	DTU 身份识别码	结束标志
1 byte	1 byte	2 bytes	11 bytes	1 byte
0×7 B	0×72	0×10		0×7 B

ⅳ）用户数据包 DTU→DSC

起始标志	包类型	包长度	DTU 身份识别码	用户数据	结束标志
1 byte	1 byte	2 bytes	11 bytes	≤1 024 bytes	1 byte
0×7 B	0×09	0×10			0×7 B

服务器接收到 GPRS 模块发送过来的用户数据包之后,会根据协议对其进行解析,提取出其中的用户数据部分,再按照表格打包的规则,解析数据,并将解析之后的数据转换为浮点型插入数据库。具体流程如图 7-29 所示。

d）PackageReceiver 类

这个类用于接收子站 GPRS 模块向服务器发送的数据包。GPRS 模块与服务器之间的通信是基于 Socket 通信,服务器端创建 SocketServer 监听指定端口,等待子站连接请求,同时构造一个线程类,准备接管会话,当一个 Socket 会话产生后,将这个会话交给线程管理,主程序继续监听。

e）MasterToSubstation

这个类主要负责由总站向子站下发相关数据。首先连接数据库,轮询数据库中的四张表格 gl_analog_measure、gl_analog_control、gl_digital_measure、gl_digital_control 对其进行打包,打包规则如下:用 data[0] 来表示该数据包是数据哪张表,哪个字段,个位 1～4 表示哪张表,十位(也有可能是百位)表示是这张表中的哪个数据,data[1]表示其 device_id,data[2]表示数据条目数,data[2+data[2]]依次排列表中的数据。打包表格之后,将数据由浮点型转化为比特型,然后根据 H700 协议构造数据包。协议格式如下。

DSC 发送给 DTU 的数据包 DSC→DTU

起始标志	包类型	包长度	DTU 身份识别码	用户数据	结束标志
1 byte	1 byte	2 bytes	11 bytes	≤1 024 bytes	1 byte
0×7 B	0×89	0×10			0×7 B

数据包构造完成以后,调用 write()函数发送数据包。

4. 远程数据采集

（1）模块说明

在锅炉房、换热站本地没有 PC 的情况下,则不能采用本地数据采集+子站转发的方式采集数据,需要利用远程数据采集,直接在总站通过 PLC+移动设备的方式,将数据采集上来。

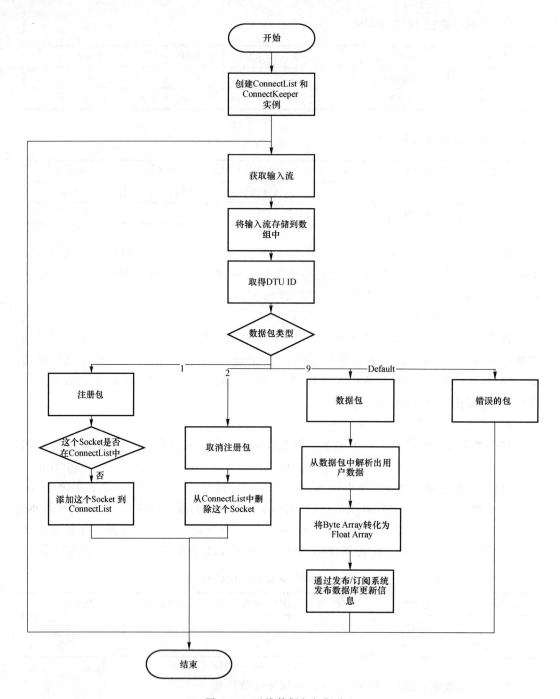

图 7-29　无线数据包解析流程

（2）功能说明

锅炉房的远程数据采集使用了设备层协议和应用层协议，数据包格式如图 7-32 所示。

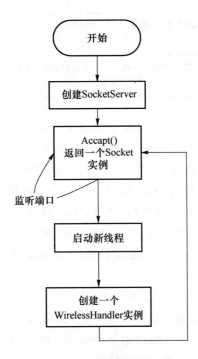

图 7-30　无线数据包接收流程

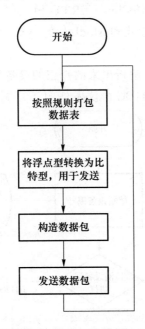

图 7-31　总站下发数据流程

设备层数据包	应用层数据包

图 7-32　远程数据采集数据包格式

设备层协议	GPRS 模块：宏电（H700）、映翰通（IHDC） 物理通道：串口
应用层协议	台达 PLC(Modbus 的 RTU 模式和 ASC 码模式) 西门子 PLC(Modbus 的 RTU 模式和 ASC 码模式)

如果是采用 Socket 无线通信技术来发送和接收数据，那么就是采用如上结构，其中设备层协议包括 H700 和 IHDC 两种无线通信技术协议。

$$\left.\begin{array}{l} \text{宏电＋台达 PLC(Modbus 的 RTU 模式)} \\ \text{宏电＋台达 PLC(Modbus 的 ASC 码模式)} \\ \text{映翰通＋西门子 PLC(Modbus 的 RTU 模式)} \\ \text{映翰通＋西门子 PLC(Modbus 的 ASC 码模式)} \end{array}\right\}$$

如果是采用串口通道进行数据的发送和接收，那么就只有应用层数据包，串口只是负责通道的开启和数据的交互。

（3）类的设计

该模块主要包括三大类：第一类负责通过 UI 调用远程数据采集模块；第二类是协议层类，设备层协议主要是为数据的传输建立通道，如串口协议是提供串口通道，宏电 H700 是提供 Socket 通道；第三类是应用层类，应用层协议主要是给我们提供真实有用的数据，例如西门子的 PLC(包括 Modbus 的 RTU 模式和 Modbus 的 ASC 码模式)和台达的 PLC(包括 Modbus 的 RTU 模式和 Modbus 的 ASC 码模式)。

① DeviceProtocolSearch 类

该类的作用为通过从报文中解析出来的真正的设备号，与配置表中的设备号相对应，来判断设备层所使用的协议是 IHDC 协议还是 H700 协议。

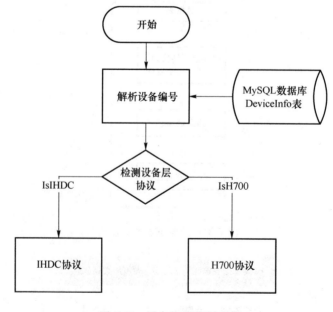

图 7-33　设备协议解析流程

② CH700 类

H700 协议为设备层协议,是宏电 GPRS DTU 所采用的协议,协议的格式在子站转发模块中已经说明,所以这里不再赘述。首先 GPRS 模块会发送一个注册包给总站,总站接收到这个注册包以后会返回一个响应包,这时 GPRS 模块注册成功,锅炉房和换热站便可以通过 GPRS 设备与总站建立无线连接。然后通过调用应用层协议(如 DVP_Modbus_RTU、DVP_Modbus_ASD、SIE_Modbus_RTU、SIE_Modbus_ASC)打包命令包或者请求包。等待接收锅炉房或换热站的响应,收到数据上报包之后,再次调用应用层协议对其进行解析。具体流程如图 7-34 所示。

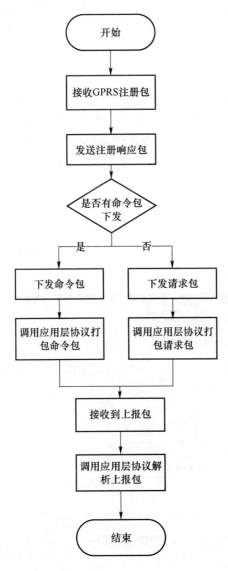

图 7-34　远程无线数据解析流程

③ CIHDC 类

IHDC 协议为设备层协议,是映翰通 GPRS 模块所采用的协议,除了协议打包规则不一样以外,流程与 H700 相同,具体协议内容参见协议文档。

④ 应用层协议类

应用层协议类包括 DVP_Modbus_RTU 类、DVP_Modbus_ASC 类、SIE_Modbus_RTU 类、SIE_Modbus_ASC 类,与锅炉房本地数据采集中的一样。

第四节　基于组态的可视化监控

"组态"的概念最早来自英文,其含义 Configuration 是使用软件工具对计算机和软件的各种资源进行配置(包括进行对象的定义、制作和编辑,并设定其状态特征属性参数),达到使计算机或软件按照预先设置,自动执行特定任务,满足使用者要求的目的。它是伴随着集散型控制系统 DCS(Distributed Control System)的出现而引入工业控制系统的。组态软件指一些数据采集与控制的一类专用软件,它们是在自动化控制系统控件层一级的软件平台和开发环境,能以方便灵活的组态和配置方式(而不是编程方式,不过现代的一些组态软件也提供很好的二次开发编程接口)提供良好的用户开发界面和简洁的使用方法,其预设置的各种软件模块可以非常容易地实现和完成监控层的各项功能。

1. 组态软件的基本功能

(1)作为组态软件而言,核心功能在于显示和控制。对于显示而言,基本使用流程如图 7-35 所示,绘制基本效果图。对于不同的业务逻辑和业务场景,所需的基本图形和图片有很大的区别,所需要的组成效果也有很大的区别,需要根据实际的效果来绘制。典型的效果图如图 7-35 所示。

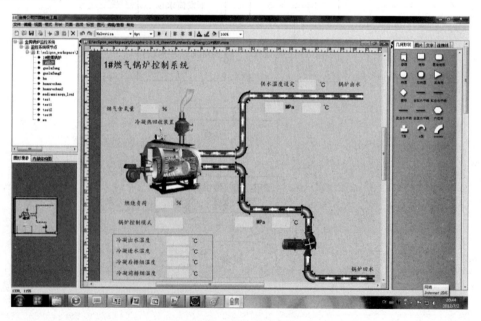

图 7-35　绘制基本效果图

（2）绑定显示数据：步骤（1）只是实现了一个视觉效果，要想在上面显示具体的数据，需要将数据绑定到所需展示的图形或者图片中。典型的绑定效果图如图 7-36 所示。

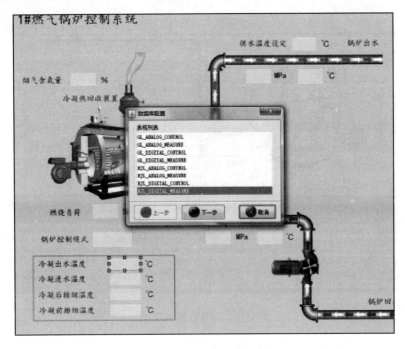

图 7-36　绑定数据效果图

（3）运行绘制的效果图：组态软件有明确的编辑状态和运行状态。因为实际应用中，需要有专门的人员进行页面绘制工作。完成绘制工作之后，在运行状态中就可以读取数据来展示相关的数据，从而实现显示数据的效果。典型的运行效果图如图 7-37 所示。

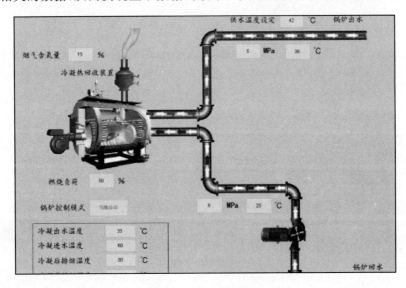

图 7-37　运行效果图

（4）下发控制数据：对于组态软件而言，下发控制是其自动化控制的重要部分。下发控制是需要权限的，必须有相关权限的人才能进行下发控制。典型的下发控制界面如图7-38所示。

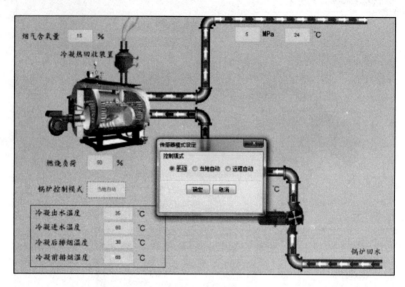

图 7-38　下发数据效果图

参 考 文 献

[1] [美]辛格. 面向服务的计算:语义、流程和代理[M]. 张乃岳,译. 北京:清华大学出版社,2012.

[2] 吴朝晖. 服务计算与技术[M]. 杭州:浙江大学出版社,2009.

[3] 王红兵. 服务计算应用开发技术(21 世纪重点大学规划教材)[M]. 北京:机械工业出版社,2009.

[4] 张德干. 移动服务计算支撑技术[M]. 北京:科学出版社,2010.

[5] 周宇辰. 面向服务的计算(SOC)——技术、规范与标准[M]. 北京:电子工业出版社,2010.

[6] [美]斯穆特. 私有云计算:整合、虚拟化和面向服务的基础设施[M]. 潘怡,译. 北京:机械工业出版社,2013.

[7] 童晓渝. 智能普适网络——面向服务的云计算运营架构[M]. 北京:人民邮电出版社,2012.

[8] 张良杰. 服务计算[M]. 北京:清华大学出版社,2007.

[9] 喻坚. 面向服务的计算:原理和应用[M]. 北京:清华大学出版社,2006.

[10] [美]Hugh Taylor,Angela Yochem. 面向 SOA 的事件驱动架构设计与实现[M]. 影印版. 北京:科学出版社,2013.

[11] [荷]帕派佐格罗. Web 服务:原理和技术[M]. 龚玲,译. 北京:机械工业出版社,2010.

[12] [美]厄尔. SOA 服务设计原则[M]. 郭耀,译. 北京:人民邮电出版社,2009.

[13] [芬]雷伊塞宁. 服务建模:原理与应用[M]. 杭州:浙江大学出版社,2010.

[14] [瑞]布朗. 异构网络端到端服务质量保障[M]. 北京:电子工业出版社,2010.

[15] [美]艾尔. SOA 服务设计原则[M].英文版. 北京:科学出版社,2012.

［16］　［德］斯特劳斯．服务科学：基础、挑战和未来发展［M］．吴健，译．杭州：浙江大学出版社，2010.

［17］　董金祥．基于语义面向服务的知识管理与处理［M］．杭州：浙江大学出版社，2009.

［18］　［荷］帕派佐格罗．Web 服务：原理和技术［M］．北京：机械工业出版社，2010.

［19］　王树良．服务科学导论［M］．武汉：武汉大学出版社，2009.

［20］　［芬］雷伊塞宁．服务建模：原理与应用［M］．吴晓波，译．杭州：浙江大学出版社，2010.